Bibliothèque de l'Amateur Champenois

LES ARTS & LES ARTISTES

DANS L'ANCIENNE CAPITALE DE LA CHAMPAGNE

1250-1680

Par ALEXANDRE ASSIER

Peintres-verriers, Peintres, Architectes, Tailleurs d'images, Menuisiers-sculpteurs, Facteurs d'orgues, Fondeurs et Orfèvres, etc.

II

PARIS

Aug. AUBRY, libraire, rue Séguier-Saint-André-des-Arts, 18.
CHAMPION, libraire, quai Malaquais, 15.
CLAUDIN, libraire, rue Guénégaud, 3.

Et

Chez les principaux libraires de l'ancienne province de Champagne.

—

M D CCC LXXVI

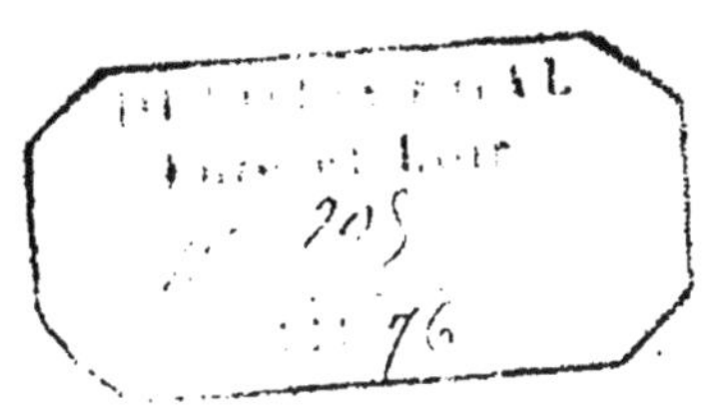

III.

MAITRES-MAÇONS OU ARCHITECTES

Jean Langlois de Troyes, maitre de l'œuvre de Saint-Urbain, surveille la construction de l'admirable *église collégiale et papale de Saint-Urbain de Troyes*. Ce Jean Langlois qui pourrait n'avoir été qu'un simple comptable et qui devait justifier de l'emploi des 2.500 livres qu'il avait reçues sur les 10.000 marcs d'argent envoyés par le pape Urbain IV, abandonna tout à coup l'ouvrage et partit pour la croisade (1).

Jacques, premier architecte connu de la cathédrale, travaillait probablement dès 1270, car le registre de 1295-1296 constate le legs qu'il fit à sa mort :

De defuncto magistro Jacobo lathomo, vˢ.

Henri travaille dès 1290 (2).

Richer dès 1296.

(1) Archives de l'Aube, liasse 126, pièce K « Civis Trecensis, cruce signatur, quondam magister fabrice ipsius ecclesie. » Une bulle de Clément V le force de rendre compte de la somme qui lui a été départie pour l'œuvre de cette construction, 1267.

(2) Comptes de l'œuvre de l'église de Troyes, 1293-1300 dans la *Champagne encore inconnue*, t. II, p. 44

Geoffroy de Mussi, 1297-1298.

Jean de Torvoye, ou des Trévois (écart de la ville de Troyes) travaille à la construction de la cathédrale avant 1362 et meurt vers 1384, laissant xxˢ à la fabrique (1).

Pierre Faisant, maître maçon, visite la cathédrale et indique les travaux qu'il faut faire dès 1362.

Thomas, « *masson de l'euvre de l'église de Troyes,* travaille à la réparation des deux extrémités du transept et meurt en 1367. Ce Thomas recevait chaque année un vêtement à Noël. Logé gratuitement, il jure sur les saints évangiles « de bien, loyalement et diligemment vacquer au dict ouvrage tant qu'il sera nécessaire et de n'entreprendre aucun autre ouvrage soit à la ville ou ailleurs sans la permission du chapitre (2). » Les chanoines sans doute satisfaits promettent à son fils le premier bénéfice vacant dont ils pourront disposer (3).

Michelin de Jonchery.

Jean Thierry.

Michelin Hardiot.

Ces trois maitres-maçons travaillent dès 1362 sous

---

(1) Les registres de 1303 à 1362 ont disparu.

(2) *Troyes depuis le vᵉ siècle jusqu'au* xviiiᵉ. Jean Salvart ne fut institué maçon de la cathédrale de Rouen par le doyen du Chapitre qu'après avoir entendu ces paroles: « Tu feras bien et fidèlement travailler les ouvriers et tu feras toutes les autres choses que doit faire un bon et fidèle maçon en telle matière, mettant de côté faveur, crainte, amour et haine, en tout ce qui touche le dit office. » *Histoire des corporations*, par Ch. Ouin-Lacroix. p. 227.

(3) *Délibérations capitulaires*, archives de l'Aube.

la direction de Thomas et gagnent 3 sous en 1366-1367. Michelin et Jean Thierry font en 1381-1382 « le pourtraict dou jubé en une pel de parchemin pour monstrer à Messieurs, pour ce vs (1). » Mais leur *pourtraict* n'est pas approuvé, quoique le chapitre donne à la femme de Michelin Hardiot le jour de ses noces six pains et quatre pintes de vin et que Jean Thierry soit qualifié de *maistre-maçon* dès 1375. Il faut cependant croire que sans l'arrivée de Henri de Bruxelles, Michelin et Jean Thierry auraient été chargés d'élever le jubé, car le 6 juin 1383 le prix de la journée fut augmenté à la condition qu'ils ne travailleraient « nulle part sans le consentement du chapitre (2). »

Droet de Dampmartin, *masson demorant à Paris*, rue de Joigny, visite la maçonnerie de la rose « par devers la court de l'official » et celle de toute l'église avec deux autres maçons de la même ville, 1379-1380 (3).

Henri de Bruxelles veut concourir avec Michelin et Jean Thierry et montre le dessin du jubé aux bourgeois et aux ouvriers de la ville « qui le tiennent pour estre le meilleur » 1382-1383 (4). Henri fait venir de

(1) 1381-1382. Bibl. nationale, ms. 9112.

(2) Id. Le 9 juillet 1382 la foudre tombe sur l'église et incendie la charpente du comble. Les paroisses de la ville de Troyes à cette époque étaient Saint-Jean, Saint-Nizier, Saint-Denis, Saint-Pantaléon, Saint-Gilles, Saint-Aventin, Saint-Remi, Sainte-Madeleine et Notre-Dame aux Nonnains.

(3) Il paraît qu'à cette époque le mur du transept surplombait déjà.

(4) Cet Henri voyageait probablement comme Villard de Honnecourt, près Cambrai, pour étudier et pour travailler. Non content de dessiner la tour de Laon, des fenêtres de la cathédrale de Reims et la rose occiden-

Paris l'architecte Henri Soudan « pour marchander dou dit jubé. » Henri Soudan et Henri de Bruxelles passent un marché le 28 octobre 1382 pour la construction. Les susdits maçons doivent travailler continuellement l'hiver et l'été jusqu'à l'achèvement du jubé, sans s'occuper des sculptures que les chanoines feront exécuter par Denizot et par Droin de Mantes. Henri Soudan et Henri de Bruxelles recevront un mouton d'or ou 25 sous par semaine et promettent de don_ner « bonne caution jusques à quatre cents francs à Messieurs les chanoines » et de faire « bon ouvraige et loyal. » Le marché est revêtu du sceau du Châtelet de Paris. Henri Soudan, Henri de Bruxelles et Marguerite, belle-mère du premier, « demourant à Paris au coing de la rue des Billettes, par devers la rue de la Verrerye » s'engagent solidairement à fournir la caution (1).

Monseigneur l'évêque Pierre d'Arcis pose la première pierre du jubé le 22 avril 1385 et donne 100 sous. tandis que le chanoine Thomas de Braux ne paie que 5 sous l'honneur de poser la seconde (2). Thomas le Chat fournit le fer et se récrie, lorsque Messieurs les chanoines réduisent son mémoire (3).

---

tale de celle de Chartres, Villars se rendit jusqu'en Hongrie, s'enquérant de tout sur son passage, même des recettes pour les blessures des ouvriers. *Album de Villard de Honnecourt* publié par MM. Lassus et Darcel. Paris, in-4, 1858, p. 219.

(1) Comptes publiés par Gadan, 1375-1385, p. 21.

(2) Ms. 9112, fol. 119.

(3) Comptes publiés par Gadan, p. 12.

Henri de Bruxelles et Henri Soudan travaillent encore au jubé en 1386 avec plusieurs vallets (1) et le maçon Jacot Mignart auquel le chapitre prête le 5 août 9 francs 9 sous. Les maçons vont à Tonnerre pour chercher la pierre et obtiennent une gratification de 10 sous par semaine.

Henri de Bruxelles se marie dans la capitale de la Champagne. La cérémonie lui fait perdre un jour qu'on rabat aux termes de son traité. Mais cette rigueur est compensée par un cadeau de huit pintes de vin et de douze pains qu'il reçoit du commandemant des chanoines. Ceux-ci ont même la générosité de payer des beignets à tous les hommes de l'atelier le jour de *carême-prenant* ou du mardi gras (2).

Jacques de Pouan, « maçon du roi en la ville de Troyes » fait des offres pour le pavement de l'église, 1392-1393 (3).

---

(1) Parmi les ouvriers qui travaillèrent avec Henri de Bruxelles, les registres citent Philippot de Bruxelles, frère de Henri, Jaquot, gendre de Jean Thierry, Jaquot Mignard, Jean de Cologne, Henri de Metz, Jean de Bruxelles, Girard et Jean de Mons, Jaquinot de Rhèges, Jean de Rameru, Colin de Pont, Hance de Cologne, Hennequin de Bruxelles, Thiébaut de Malines, Coleçon de Reims et Jean Darc. Ms. 9111, Bibliothèque nationale.

(2) Ms. 9111, 1386-1387. Quoique logé aux frais du chapitre « devant les moulins de Jaillart » Henri de Bruxelles entreprit « certains ouvraiges pour l'église d'Auxerre et celle de Saint-Germain » et se laissa assigner pour achever les travaux qu'il avait entrepris à Troyes. Il pava la cathédrale « de pavement bon et souffisant de pierre de Lésignes » et tailla « les degrez devant le biau portail » dès 1397-1398.

(3) Jacques le Jay, Oudin Viande, Jean de Fontaines et Jean le Jay travaillent à Saint-Etienne et reçoivent 4 sous par jour en même temps que le fils de Brisetout, verrier, 1380-1395.

Thomas Michelin, maître-maçon de la cathédrale. répare la rose du midi abattue par le vent, « pourtraict les pignacles du clocher de la cathédrale et fait un bénitier de pierre à Sainte-Madeleine, 1409-1417.

Jean Aubelet, maître d'œuvre du roi à Paris, visite la cathédrale de Troyes en 1401 avec Jean Prévot, son neveu et dine avec l'évèque. (1) Cet Aubelet se qualifiait en 1403 de titre de maitre des œuvres du duc d'Orléans.

Jean de Dijon, architecte de la cathédrale de Reims, se rend à Troyes en 1402 pour visiter Saint-Etienne (2).

Jeannin Terrelion succède à Thomas Michelin, 1428 et travaille probablement au pignon du portail septentrional et aux piliers de la cathédrale avec François Guenart et Jean le Coq.

Antoine Colas, *maistre des maçons de l'église*, dès 1462, entreprend l'élévation des deux piliers butans richement décorés qui devaient soutenir le *beau portail* ou le portail septentrional. Ce portail assis sur un sol trop mouvant ou sur des fondations insuffisantes. s'était incliné et menaçait ruine. Antoine Colas travaille avec Jaquet de la Bouticle, Alexandre Nagot de Dijon, Gilet Lorot et Pierre de Saint-Quentin et gagne 4 sous 2 deniers par jour, sans compter une robe à Noël et le logement aux frais du chapitre

(1) *British Museum* n° 15.803, compte de l'œuvre de l'église de Troyes.

(2) Id.

Bérost Guillemin travaille au portail de Sainte-Madeleine, 1448.

Jacquet de la Bouticle travaille à la cathédrale de 1462 à 1483 avec Nicolas de Bruxelles.

Jacquet le Vacher, maçon de la cathédrale, 1483-1485.

Denis Aubert vient de Reims appelé par Jacquet pour visiter un pilier du jubé, 1484-1485.

Jeançon Garnache, « maistre-maçon de la cathédrale » succède à Jacquet de la Bouticle et à Jacquet le Vacher qui avaient taillé des piliers à la cathédrale. Logé au bourg Saint-Denis « près du pont de Rognon, » dans une maison qui appartenait au chapitre et pour laquelle il payait 100 sous par an, Garnache ne gagnait pas moins de 4 sous 2 deniers par jour et recevait en outre chaque année à Noël la somme de 60 sous à titre de gages, de robe ou de pension. Travaillant dès 1484, il achève la construction des piliers et de la voûte de la grande nef et des bas-côtés et répare le beau portail ou le portail septentrional. Ses « valets » sont chargés de garder les portes du chœur aux principales fêtes ou lorsque quelque grand personnage vient assister aux offices et ne rougissent point de porter même avec leur maître les corps des saints déposés dans de précieuses châsses aux processions générales qui se font de temps en temps, soit pour demander des grâces à Dieu, soit pour le remercier de ses bienfaits (1).

(1) Son épouse Marguerite « tint la grosse des petites cloches du grant clocher de la cathédrale qu'on avoit benistes » en 1489-1490.

Mais lorsque le chapitre veut jeter les fondements du portail principal, les vénérables chanoines appellent d'autres ouvriers plus habiles. Garnache travaille sous la direction de Martin Cambiche de Beauvais, qui reçoit le titre de *maistre-maçon de l'église*. Le chapitre lui accorde d'assez gros appointements, sans doute en reconnaissance de ses loyaux services. Garnache, appelé dans toutes les assemblées convoquées pour délibérer sur les travaux de la cathédrale, visite en outre en 1509 l'église de Saint-Jean avec Jean Bailly « pour veoir les quatre piliers du cueur pour les réédifier » et cesse de paraître dès 1529, année probablement de sa mort, car le registre de Saint-Jacques 1529-1531 constate un *laiz* de vi deniers de ce maître-maçon.

Colas Savetier, neveu de Jeançon Garnache, maçon, travaille avec son oncle à la construction du grand portail de la cathédrale, 1502-1512.

Colleçon Fauchot, maçon, travaille également avec Jeançon Garnache et aide Lyénin le verrier à refaire « les eschafaulx de la verrière Saint-Sébastien, » 4 fenêtre de la grande nef à droite, en partant du chœur.

Jean Auldon, maçon « natif de Sens, » entreprend la construction de la tour et du clocher de l'abbaye royale de Saint-Loup de Troyes, 1492. Cette tour et les cloches que les religieux y font mettre excitent la jalousie des chanoines de la cathédrale qui suscitent un assez long procès et finissent par le perdre, car le parlement de Paris, à la suite d'une enquête, déclare

que les cloches de l'abbaye de Saint-Loup doivent res-
ter dans leur tour et que les chanoines de la cathédrale peuvent en faire fondre de plus grosses ◄ si bon
leur semble. »

Jean Gailde ou **Gualde**, désigné dès 1506 sous le
nom de *Jehan Guaïlde, Grand Jehan Gayde* (1), dans
les comptes de l'œuvre de l'église de Troyes, présente cette même année le plan des tours et du portail principal de la cathédrale, et, quoique remplacé
par Martin Cambiche de Beauvais, est souvent appelé
par le chapitre « pour donner son avis. » Jean Gualde
demeurait sur la paroisse Sainte-Madeleine, où plusieurs de ses enfants moururent et où sa veuve quêta
souvent « le pain benit. » Il entreprend dès 1507 la
construction du jubé et gagne 6 sous 3 deniers par
jour durant l'été et 5 sous 6 deniers pendant les petits jours, « à cause de lui fournir les chandoilles pour
ouvrer et le charbon pour le chauffer. »

Sous ses ordres travaillent François Matray, Martin
de Vaux, Jacques Brisset, Nicolas Mauvoisin et Jean
Courtin de l'Espagnot. Les soudures sont en plomb.
la *poix blanche*, l'*encens* et la *cire vierge* entrent dans

(1) Les registres de Sainte-Madeleine distinguent Grand Jean maçon de
Jean Guailde : « Pour deux enfans à la vefve maistre Jehan Guailde, maçon,
mis au cimetière, 1520.

« Pour l'enfant à la vefve Grant Jehan le maçon mis en l'église, 1523-
1524. »

Grand Jean n'était même en 1514 que serviteur de Jean Bailly comme
le constate le registre de Saint-Pantaléon de l'année 1514-1515.

« Payé à Guillaume Alexandre et à Grant Jehan, massons, serviteurs de
Jehan Bailly pour avoir nettoié et espoucé l'église pour le jour de la
Saint-Panthaléon. »

4.

la composition du mastic. Jean Gualde choisit lui-même les ouvriers, dirige l'œuvre et vérifie les comptes de l'épicier-droguiste désigné sous le nom d'*apoticaire*. Dès l'année 1512, Jean Gualde ne travaille plus une semaine entière, car son talent le fait requérir par la ville. Il quitte de temps en temps son jubé pour travailler même « aux fortifications des murailles et des portes. »

De nouveaux ouvriers arrivent, Huguenin Bailly et Nicolas le Mire. Pour animer au travail, la fabrique de Sainte-Madeleine donne des collations composées de pain, de vin et de *flannels* ou tartes composées de farine, de lait, d'œufs et de beurre. Les prêtres, les maçons et les manœuvres y prennent part, déchargent et montent les pierres qui viennent de Tonnerre. L'ouvrage s'exécute avec tant de rapidité que l'ambon est achevé dès 1514. Trois années sont employées à construire les escaliers élégants qui l'accompagnent et qui servent de piliers-butants à cette partie de la voûte. Jean Gualde taille lui-même tous les ornements, en retouche les vifs et les *époussète*. Il travaille encore au portail « par devers le cimetière, pose des ymaiges et refaict un espy du jubé rompu par ceulx qui tendent la tapisserie (1). »

(1) *Comptes de l'église Sainte-Madeleine*, in-8. Troyes, 1854. Cette tapisserie représentant la vie de sainte Madeleine se tendait au chœur les principaux jours de fête. — L'œuvre de l'église était singulièrement recommandée aux paroissiens dès 1425 :

« Pour avoir le xvme jour du moys de mars baillé à disner au recteur et chappelains de la dicte église comme accoustumé a esté de faire, affin que en leurs confessions ilz recommandent l'œuvre de la dicte église... xxxvi s. vi d »

Jean Gualde mourut vers l'an 1519 comme semble l'indiquer cette recette de 1520 :

« Pour deux enfans à la vefve de M⁰ Jehan Guailde. »

Il fut enseveli dans l'église Sainte-Madeleine à côté de son œuvre. Sa tombe se voyait encore en 1780 sous la quille de l'ambon, et dans une épitaphe qu'il avait lui-même composée, il déclare qu'à cette place et dans cette attitude il attend tranquillement le jour de la consommation des siècles « sans crainte d'être écrasé (1). »

M. Vallet de Viriville prétend que ce Gualde s'appelait Gualdo et qu'il venait de l'Italie (2), à la suite des nombreux artistes qui travaillèrent à Fontainebleau ou dans les villes voisines. M. Pigeotte, sans admettre cette assertion, croit que depuis longtemps établi à Troyes, ce Gualde, appelé par les marguilliers de Sainte-Madeleine dès 1495, exécuta la construction du chœur, de l'abside et d'une partie du *deambulatorium* de cette église, et entreprit de grands travaux à Saint-Jean qu'il abandonna. Mais sans oser trancher la question, il est difficile de ne faire de Grand-Jean et de Jean Gualde qu'une seule personne, surtout lorsque les registres de Saint-Pantaléon ne donnent à Grand-Jean que le modeste titre de serviteur de Jean Bailly.

Grand Jean est souvent consulté par le chapitre avec Jeançon Garnache et Jean Bailly. Ce doit être son fils que les registres de Saint-Pantaléon dési-

(1) *Topographie historique de la ville et du diocèse de Troyes*, par Courtalon, t. II, p. 235.

(2) *Archives historiques du département de l'Aube*, p. 312.

gnent comme serviteur de Jean Bailly en 1514-1515,
chargé seulement de « nettoier et espoucer l'église. »

Martin Cambiche de Beauvais, *maistre-maçon*. Dès
le 6 juillet 1502 le chapitre de la cathédrale avait
appelé Jeançon Garnache, Jean Gualde et Jean Bailly.
maçons, pour visiter l'église, « c'est assavoir le gros
pillier commencé par devers le pavey pour avoir leur
advis et savoir quelle provision de pierre et de quelle
sorte on la devoit faire venir pour commencer ladite
maçonnerie. » Mais, soit que le chapitre ne crût pas
son maitre-maçon assez habile, soit qu'il jugeât les travaux trop importants pour les entreprendre sans
avoir obtenu l'avis d'un plus célèbre, il appelle Martin
Cambiche de Beauvais et Hugues Hamelier, *maistre-
maçon* de Sens. Quel était ce Martin Cambiche vers
lequel le chapitre avait envoyé deux personnages pour
solliciter son arrivée dans la capitale de la Champagne? Les registres des *Délibérations capitulaires* nous
apprennent qu'il était « maistre-maçon de l'église de
Beauvais, » *lathomo ecclesie Belvacensis* et que Hugues, maître-maçon de l'église de Sens était son
élève, *suo famulo* (1). Martin Cambiche se trouvait à
Paris dès 1489, lorsque le chapitre de l'église métropo
litaine le fit venir « pour dresser le devys de la croi-
sée. » Il s'acquitta de son travail avec tant d'habileté
qu'il reçut le titre de *maistre de l'œuvre* et fut chargé
d'acheter lui-même la pierre à Saint-Leu, lorsqu'il

(1) Archives de l'Aube, Registres capitulaires, 1493-1503. Hugues Hamelier est désigné dans les comptes de l'église de Sens sous le nom de
Hugues Cuvelier,

reprit la route de la capitale. Dirigeant alors des travaux importants à Beauvais et à Paris, Martin Cambiche laisse à Sens Hugues Cuvelier qui achève la maçonnerie du portail méridional et élève celui du nord d'après le plan de son maitre qui vient de temps en temps visiter « l'œuvre » (1).

Il est probable que la réputation de Martin Cambiche se répandit jusqu'à Troyes dont quelques peintres-verriers s'étaient rendus à Sens pour y poser la rose du portail méridional (2). Quoiqu'il en soit, Martin Cambiche arriva de Beauvais dès l'an 1502, séjourna huit jours et demi dans la capitale de la Champagne et reçut pour ses peines et salaires « sans la despence de bouche la somme de douze livres ou 393 fr. 84 c. (3). Hugues Hamelier, son serviteur, n'obtint que cent cinq sous. Me Jacoti, chanoine de la cathédrale, acheta même une bourse pour l'offrir à la femme de Cambiche et fit servir une assez bonne collation chez Henrion Sonnet le jour que notre archi-tecte fit son rapport au chapitre.

Quel fut le résultat de cette visite? Le registre de l'année 1502-1503 nous apprend que cinq sous furent payés « à ung nommé Jacques le Fuzelier, messager de ceste ville pour avoir apporté de Paris jusques en ceste ville les pourtraiz des tours et portaulx de

(1) *Notice historique sur la construction de l'église de Sens*, par M. Quantin. Auxerre, in-8, 1842, p. 25.

(2) Lyénin Varin, Jean Verrat et Balthazar Godon, id. p. 26.

(3) La valeur intrinsèque de la livre était alors 5 fr. 47 au pouvoir actuel de 32 fr. 82.

ceste église faiz par maistre Martin Cambiche et en-
voyez par mons. maistre Jacques Guichart. » Mais il
faut croire que le chapitre ne se hâta point d'adopter
les plans du Beauvoisin, car dans l'année 1505-1506
il paie vingt sous (1) « à ung nommé maistre Michel,
maistre maçon de Saint-Nicolas en Lorraine, et à ung
aultre maistre maçon du duc de Lorraine pour avoir
visité la place où il convient faire les tours ou commencer la nouvelle maçonnerie, avoir veu la plate-
forme et les articles faiz par maistre Martin, maçon
de Beauvais, avoir visité l'oteau par devers le chapitre, lequel ils trouvèrent bon et pource qu'ils furent
bien quatre heures à faire ce que dit est et qu'ils
séjournèrent d'une journée avec leurs femmes et deux
chevaulx. »

Peu de temps après d'autres plans sont présentés
comme il est facile de le voir par la dépense qui suit :
« A Grant Jehan le maçon, Jehancon Garnache, Jehan
Bailly, aussi maçons, Jehan Charbonnier et Jehan de
Dijon, charpentiers, auxquelz le dict Grant Jehan
monstra en chappitre le jour Saincte-Croix en septembre (2) une plate-forme qu'il avoit faicte des deux
tours qu'on veut faire en la dicte église je baille pour
aller desjeuner ensemble après que la dicte plate-
forme fut veue..... vs. »

« Au dict Grant Jehan Gayde, maçon, pour avoir
faict la dicte plate-forme et pourtraict des dites tours

(1) 32 fr. 80.
(5) 1506. Les comptes commencent et finissent à la Madeleine.

par luy monstrés et exhibés, baillé pour ses peines et
salaires..., VII[1] (1).

Martin Cambiche, instruit sans doute des démarches
faites par ce Jean Gualde et craignant qu'un concur-
rent ne fût chargé de l'entreprise se décida-t-il à répondre
aux invitations du chapitre de Troyes, comme le prétend M. L. Pigeotte dans son *Étude sur les travaux
d'achèvement de la cathédrale?* Je n'oserais l'affirmer,
car Jean Gualde était sculpteur et ne se serait probablement point chargé de la construction des deux tours.
Quoi qu'il en soit, Martin Cambiche arrivait à Troyes
le 23 octobre 1506, examinait le lieu « où l'on vouloit
faire les dictes tours », visitait les carrières, dressait
les mémoires et recevait pour son voyage et ses va-
cations et pour un de ses neveux qu'il avait amené la
somme de 32 livres (2) « sans leurs dépens et de
leurs chevaulx. » Il fut décidé que les travaux com-
menceraient du côté de la rue par les fondations de la
tour Saint-Pierre, et que pour donner plus de solidité
et pour éviter les désastreuses conséquences du sys-
tème des premiers architectes, on s'assurerait de la
consistance du sol. Et en effet, dès 1370 le portail du
midi n'avait-il point déjà menacé ruine, parce que ses
fondations de simple craie reposaient sur un sol
mouvant?

Tous les historiens ont cru que l'antique cathédrale
de l'évêque Milon avait été complétement dévorée

(1) **229 fr. 60**, année 1506-1507.

(2) **721 fr. 60**.

par les flammes, mais les registres constatent surtout l'existence d'une vieille tour ou gros clocher qui devait se trouver sur l'emplacement du grand portail et qui ne fut détruite qu'au commencement du xvie siècle. Au-dessous de cette tour se trouvait l'entrée principale décorée des deux statues de saint Pierre et de saint Paul (1).

Le 8 mars 1507 des ouvriers et des notables de la ville sont appelés, comme le prouve la dépense suivante, pour délibérer s'il faut « abattre les anciennes constructions : »

A Grand Jehan le maçon, Jehancon Garnache, Jehan Bailly et Laurent Germain, pierrier de Tanlay(2) tous maçons... pour avoir leur advis de ce qui estoit affaire touchant les fondemens de la tour qu'il convient de faire devers le pavey (3) et aussi de transporter le beuffroy où sont les cloches et aussi d'abattre partie de l'ancienne tour par devers le pavey... paié pour le disner... xxx^s. »

Les travaux commencèrent, les fondations furent d'une telle profondeur que le propriétaire d'un jardin situé à l'Ecorcherie se plaignit des monceaux de terre transportés dans sa propriété et reçut une assez belle indemnité (4). Mais les eaux jaillirent avec une telle

---

(1) La charte de l'évêque Hervé semble déclarer que l'incendie ne fut point considérable par cette expression *pro ecclesia beati Petri Trecensis dilatanda.*

(2) Yonne, arrond. du Tonnerre.

(3) La rue.

(4) 114 fr. 85.

abondance qu'il fallut se servir de *bascules* pour les soutirer. La craie dont devaient se composer les parties intérieures de la maçonnerie fut extraite des carrières de Pont-Sainte-Marie, de Sainte-Maure et de Culoison que le chapitre possédait depuis de longues années. Cambiche qui avait reparu le 30 octobre 1506 à Sens et qui avait été splendidement traité dans l'hôtellerie de Jean Jouan avec maitre Hugues et les autres maçons (1), arrive bientôt à Troyes, où le chapitre n'avait point osé jeter les fondements de la tour sans avoir son avis. Martin Cambiche, à peine installé, visite le *erot* (2) des dits fondements de la tour, fait commencer les travaux et poser la première pierre le 3 mai, jour de Sainte-Croix (3), comme le constate la dépense suivante :

« A messire Nicole Viaspre pour une messe de Saint-Esprit qui se célébra devant maistre Martin Cambiche et aultres maçons le jour S. Croix iii may qu'on assit la première pierre des fondemens..... ii^s vi^d. »

Jeançon Garnache continue les travaux, tandisque Martin Cambiche se rend à Sens. Mais au mois de juillet, il faut croire que sa présence parut bien nécessaire, car cette fois le messager du chapitre ne se présentait à Beauvais que porteur de deux bourses d'un

(1) *Notice historique sur la construction de la cathédrale de Sens*, p. 31. Martin était alors désigné sous le nom de « maistre des maçons qui à présent œuvrent à Beauvais. »

(2) Trou.

(3) 1507.

certain prix (1) destinées à la femme et à la fille de l'architecte beauvoisin. Mais il est probable que maitre Martin se contenta de donner certains avis qui devaient suffire pour les travaux de terrassement.

Le moyen âge parait avoir honoré d'une tendre sollicitude les maçons qui travaillaient à la construction des églises, car on achète « des paires de gants de mouton double pour que le mortier ne puisse gâter leurs mains, des houseaulx pour les garantir du froid et des sabots pource que la chaulx ne brusle leurs souliers (2). »

Dès le mois de juillet 1508 les charpentiers « étayent les terres des fondemens par devers le parvis de l'église » et reçoivent une certaine somme « pour asseoir les lices par devers le parvis pour garder les fondemens, affin que les chevaulx et harnays n'y allassent pas. » Des marchés sont passés pour l'extraction des pierres des carrières de Tanlay, de Lezine (3), d'Aulnay (4), de Savonnières (5) et de Quincey (6). Martin Cambiche arrive dès février 1509 avec Légier Cambiche et Simon de Saint-Omer et taille « pour la tour devers le pavey. » Il ne gagne pas moins de 40 sous par semaine et prend le titre de *maistre maçon de*

(1) 50 fr.
(2) Année 1506-1507.
(3) Lezinnes, Yonne, arr. de Tonnerre.
(4) Aulnois en Barrois, Meuse, arr. de Bar-le-Duc.
(5) Meuse, id.
(6) Quincey l'abbaye, Yonne, arr. de Tonnerre

l'église de Troyes. Jeançon Garnache et Jean Bailly travaillent sous ses ordres. L'année suivante Martin reparait dès le 10 février. Simon Roux, demeurant à Torvilliers (1), fournit « un muid de vin vermeil » pour notre architecte auquel se rapporte la dépense suivante : « ... Une chambre avecques une petite garde robe ensemble toute la fourniture de la dite chambre pour loger le dit maistre Martin, Jean de Damas, son gendre, Pierre Carabiche et aultres maçons besongnans pour l'église, lequel Charbonnier | propriétaire de l'hôtellerie de *la Hache* | doibt avoir pour chascun mois xl sous et y entra le dict maistre Martin le 15 février 1509... paié pour sept mois fini le 15 septembre... xiv ¹. (2). »

Martin Cambiche était cependant parti dès le 18 avril et avait reçu d'assez belles gratifications du chapitre. Ainsi, outre le muid de vin de Torvilliers et le logement, cet architecte emportait « six escus d'or à la couronne pour offerande à sa fille » qui devait se marier à la Pentecôte, et deux bourses, « l'une de drap d'or et l'autre de velours nervée de drap d'or » qui n'avaient pas coûté moins de quatre livres dix sous (3) et qui devaient être offertes à sa femme et à sa fille de la part du chapitre. Il faut croire que ce Cambiche, qui avait alors une certaine célébrité, se montra très-exigeant, car nous le voyons se plaindre

(1) Village à six kilomètres de Troyes.
(2) 459 fr. 55.
(3) 147 fr. 70.

de ce que ses gages de 40 sous par semaine sont
« petits » et recevoir pour ce motif et pour les frais
de son retour une gratification de 12 écus au soleil et
une paire de brodequins au prix de 25 sous.

La construction du pan de maçonnerie avait sou-
levé les réclamations des officiers du roi et de l'éche-
vinage de Troyes, parce que pour donner plus de
largeur au grand portail il avait fallu prendre quelque
place sur la rue (1). Mais le chapitre avait chargé deux
de ses membres de s'entendre avec les officiers du
roi et les échevins et avait même fait procéder à
l'examen de la question en litige comme le constate
la dépense qui suit :

« A M. le procureur du Roy pour ses peines d'estre
venu jusque sur les fondemens ayant qu'on assist
aucune chose par devers le pavey auquel fut baillé
deux escus au soulel valant LXXIII sous (2). »

Dès le mois de juin 1509 parmi les tailleurs de
pierre paraissent le gendre de Martin Cambiche, Jean
de Damas (3), le fils même de Martin, Pierre Cambiche et Pierre de Damas, frère ainé de Jean. Jean de
Damas reçoit comme Garnache et Jean Bailly cinq
sous par jour, Pierre Cambiche et Pierre de Damas ne
gagnent que quatre sous deux deniers, comme Légier
Cambiche et Simon de Saint-Omer, « varlets de
maistre Martin. » Quoique la taille des pierres ne fût

(1) *Etude sur les travaux d'achèvement de la cathédrale de Troyes
1450 à 1630*, par M. L. Pigeotte. Paris, 1870, p. 90.

(2) Comptes de l'année 1508-1509.

(3) Ou Jean de Soissons.

point suspendue l'hiver et qu'elle se fît dans une loge, les journées cependant subissent une certaine réduction dès le mois de novembre. Jean de Damas seul reçoit le même salaire.

Martin Cambiche ne séjourna cette fois encore que peu de temps à Troyes, des travaux importants l'appelant tantôt à Sens, tantôt à Paris ou à Beauvais. Sa femme et sa fille paraissent dans la vieille capitale de la Champagne dès le mois d'octobre 1510 et reçoivent du chapitre chacune une bourse :

« A la veuve Hutier, pour deux bourses, l'une pour la femme de Me Martin, et l'autre pour sa fille, lesquelles leur ont esté baillées en ceste ville au mois d'octobre et estoient pour lors en ceste ville... XLVs. »

Grâce aux habiles ouvriers et aux ressources du chapitre qui savait frapper aux portes et solliciter les aumônes du roi et des grands seigneurs, la maçonnerie de la tour et du portail Saint-Pierre s'élevait dès 1511 à quelques mètres au-dessus du sol.

Le chapitre satisfait résolut de commencer l'autre tour, celle de Saint-Paul, et chargea Jean de Damas ou de Soissons d'aller « quérir Me Martin qui vint à Troyes le 13 septembre 1511 avec Martin Ménart et parut le lendemain devant une assemblée :

« Le jour des Quatre-Temps d'après la Sainte-Croix | 14 septembre 1511 | les dessus dits | Jean de Damas, Garnache et Bailly | furent appelés avec le dit maistre Martin pour estre présens à oyr la conclusion qui fut prinse le dit jour par Monseigneur de Troyes, Monseigneur le Bailly, Messeigneurs les doien et chapitre et plusieurs gens de bien de la ville pour faire les fondemens de la seconde tour par devers mon dit Seigneur de Troyes... paié pour le disner qui leur fut donné... xii^s vi^d (1). »

Les travaux de maçonnerie du portail Saint-Pierre sont suspendus, tandis qu'on abat de vieilles constructions pour faire les fondations de la tour Saint-Paul. Martin Cambiche part avec son fils qui reçoit 37 sous de gratification « affin qu'il sollicite son père quand on le mandera. » Le 11 mai 1512 « fut mise et assise la première pierre du fondement de la deuxième tour par devers l'ostel épiscopal par révérend père en Dieu monseigneur maistre Jehan Baillet, évesque d'Auxerre. » Martin était arrivé le 7 et assistait à cette cérémonie avec Jean de Soissons, son gendre, Pierre de Damas et Garnache.

Les fondations de la seconde tour étaient terminées dès 1513, car au mois de juin de cette année on assied les pierres taillées. Martin paraît dès le 26 mai et s'en va le 10 juin pour visiter les travaux qui s'exécutaient alors à Sens sous la direction de Hugues Cuvelier. Il faut croire que l'élève avait acquis une certaine habileté, car maître Hugues se crut assez fort pour se charger de terminer le portail d'Abraham en qualité de « maistre des œuvres de St-Etienne (2). »

Mais, quoique Jean de Soissons, son gendre, le remplaçât, la présence de Martin devint urgente de

____

(1) Comptes de l'année 1511-1512.

(2) *Notice historique sur la construction de la cathédrale de Sens*, p. 31.

temps en temps à Troyes. Ainsi, dès l'année 1515 le chapitre lui envoie un messager, mais cette fois Martin se contente d'envoyer sa femme « à cause d'un fondement qu'il avait commencé avant l'arrivée du dit messaige (1). » Il est probable que cette femme apportait les plans que son mari gardait chez lui comme sa propriété et qu'il ne voulait confier qu'à des personnes qui lui étaient dévouées.

Le chapitre ne se contenta pas de la présence de l'épouse de Cambiche et envoya dès la fin de juillet 1515 Jean de Soissons à Beauvais pour solliciter l'architecte beauvoisin de se rendre à Troyes. Cambiche céda-t-il à la demande du chapitre? Nous l'ignorons, parce que les comptes de 1515-1516 ont disparu. Mais s'il ne vint pas à Troyes, le chapitre ne consentit à l'admission de Jean de Soissons comme *maistre maçon* que lorsque son beau-père eût promis de diriger les travaux. Aussi dans le compte de 1517-1518 est-il dit que Jean de Soissons ne recevra « la somme de 12 livres tournois pour la pension que Messeigneurs ont ordonné luy estre donnée chascun mois qui est la somme de x sous que jusqu'à la venue de maistre Cambiche et tant qu'il plaira à Messeigneurs. »

Quoiqu'il en soit, Cambiche ne reparut plus, soit qu'il eût entrepris ailleurs des travaux trop importants, soit que son âge avancé ne lui permit plus de faire de longs voyages à cheval. Il dut cependant atteindre une assez belle vieillesse, car en 1532 le

(1) Comptes de l'année 1514-1515.

chapitre envoyait Jean Bailly pour le consulter à Beauvais et pour parler à son fils Pierre Cambiche à Paris (1).

Simon de Saint-Omer, *serviteur* de Martin Cambiche, travaille dès 1507 à la construction du grand portail de la cathédrale.

Léger Cambiche, *serviteur* et probablement neveu de Martin, travaille dès 1507 avec Simon.

Jean de Damas ou de Soissons, arrive à Troyes dès le mois de juin 1509 en qualité de gendre de Martin Cambiche. Quelques années après, le chapitre ne consent à l'admettre comme *maistre maçon* que lorsque son beau-père promet de diriger les travaux (2). En 1519 ses gages sont élevés à la somme de 40 sous par semaine, « à la condition qu'il ne se louera à personne, et qu'avant la fin de sa vie il n'abandonnera l'entreprise commencée. » Jean de Soissons est appelé à Saint-Jean pour visiter les piliers du chœur avec d'autres maçons et tombe malade pendant l'été de 1531. Le chapitre continue de lui payer 40 sous par semaine jusqu'à sa mort, le 21 décembre de la même année.

1 M. E. de la Fontaine, dans son *Histoire de Beauvais*, t. II p. 270, constate la mort de Martin Cambiche au 29 août 1532 et lui donne pour successeur à Beauvais Michel Lalye dès le 5 novembre de la même année. Ce Martin avait été appelé de Cambrai pour élever le transept de la cathédrale de Beauvais. Ses armes étaient « d'azur au compas d'argent, accompagné en chef, à dextre d'une étoile d'or, à senestre d'un croissant d'argent, et en pointe d'un cerf d'or couché sur une terrasse de sinople. » *Dictionnaire des architectes français*, par Lance, t. I, p. 135.

(2) Quòd difficile esset magis idoneum in omni regno Franciæ inveniri. Remarques sur l'église de Troyes, par l'abbé Hugot.

Pierre de Damas, frère de Jean de Soissons, le remplace et travaille avec Laurent et Claude Damas. Mais il disparait bientôt, lorsque Pierre Cambiche fait nommer Jean Bailly comme successeur de son beau-frère.

Pierre Cambiche, fils de Martin, débute quelque temps comme simple tailleur de pierre et devient « un des quatre maistres. maçons de Paris. » Jean Bailly fait un voyage à Paris et à Beauvais pour parler à Martin et à Pierre « pour consulter avec eux touchant la besongne des travaux... et pour pourveoir d'un maistre-maçon pour conduyre et avoir la charge de la maçonnerie » 1531-1532. (1) Pierre arrive, visite les travaux et désigne au chapitre comme *maistre-maçon* Jean Bailly, gendre de Jean de Soissons. M. Léon Pigeotte lui attribue la construction des piliers intérieurs dont les proportions trop énormes n'ont été données sans doute par cet architecte que parce qu'elles semblaient offrir selon

---

(1) En 1527-1528 le chapitre « baille la somme de cinquante solz à Anthoine Saucyer, maçon, en faveur de ce qu'il est bon ouvrier et diligent et faict bonne résidance à besongner », G 1591, fol. 279. Le peste sévissait alors à Troyes. Non-seulement ceux qui en étaient atteints étaient bannis de la ville, mais leurs vêtements et leurs effets étaient soigneusement enfouis dans des coffres pendant quelque temps :

« A Colas Chauderet, manouvrier de ceste église, baillé dix sols tournois pour ce que de mon ordonnance il a prins et transporté ung vieil coffre de boys estant en la chapelle Sainct-Ladre, en laquelle feu messire Nicole Marie, jadis chanoine de ceste église, célébroit souvent messe et encor le jour qu'il fut frappé de peste et après qu'il en dict messe, les habitz furent remis au dict coffre, pourquoy le dict coffre n'avoit esté ouvert que jusques a de ce que le dict Chauderet la ouvert et prins ung messel avec deux aulbes, deux amicts et autres vieux habitz d'église, lequel linge je luy ay faict blanchyr par trois fois, avant que de l'apporter pour servir a ceste eglise, pour cecy... x s. » G. 1591, fol. 62, registre. Archives de l'Aube.

lui un point d'appui plus puissant aux tours et à la
grande façade du portail. (1) Le chapitre fit présent
à Pierre Cambiche comme à son père de belles bourses pour sa femme et pour ses filles. Dix ans après cet
architecte était encore consulté à Paris « pour l'affaire
des tours, » comme le constate le compte de l'œuvre de
1540-1541. (2)

Martin de Vaux, élève de Jean Gualde, travaille au
jubé de Sainte-Madeleine dès 1510, à Saint-Pantaléon
en 1520 et donne son avis pour le jubé de Saint-Etienne.
Devenu *maistre-maçon* de Sainte-Madeleine, sa paroisse,
il préside aux fondations de la tour, travaille à la re-
construction du chœur, des bas-côtés et des chapelles
de Saint-Jean et meurt vers 1557.

Jean de Vaux, fils de Martin, travaille à la cathédrale dès 1530, reçoit l'année suivante du chapitre
40 sous « pour faire un voyage en son pays de Picar-
die » et répare les deux piliers « de devant le beau
portail de Saint-Jean en 1558. Son frère Claude de
Vaux travaillait avec lui dès 1545.

Jean Bailly I, maitre-maçon de Saint-Pantaléon dès
1508, reconstruit des voûtes et des piliers et donne

(1) *Etude sur les travaux d'achèvement de la cathédrale*, p. 129.

(2) Pierre Cambiche mourut en 1544 ainsi que l'indique l'épitaphe suivante qui se voyait dans la nef de Saint-Gervais à Paris : *A la mémoire
des âmes de Pierre Cambiges, maistre des œuvres de maçonnerie et
pavement de ceste ville de Paris qui décéda le XIX | ou XV° |jour
de juing 1544 et Jacqueline Laurens, femme du dict Pierre Cambiges
qui décéda le III° de juing 15... Dictionnaire des architectes français*,
par Lance, t. I, p. 137.

Son fils Pierre Cambiche construisit la petite galerie du Louvre à Paris
et mourut en 1615.

son avis sur les travaux importants de Saint-Jean.

Jean Bailly II, son fils et successeur de Jean de Soissons, son beau-père dès 1532 jusqu'en 1559, se rend à Sens avec un chanoine « pour visiter les osteaulx et tours neuves et pour veoir principalement comment se déduisent les eaulx desdits osteaulx » 1535-1536, — travaille à la belle cloison de la chapelle des fonts et à la construction du grand portail et des tours de la cathédrale et obtient à sa mort en 1559 la grosse sonnerie « à cause des obligations que lui avoient les chanoines de Saint-Pierre (1). »

Habile et actif, Jean Bailly visait, toisait et contrôlait toutes les dépenses relatives aux bâtiments de l'église. Il gagnait 6 sous 8 deniers, le même salaire que celui de Martin Cambiche. Lorsqu'en 1548 Henri II passa par la ville de Troyes, accompagné de la reine Catherine de Médicis, Jean Bailly fit construire dans le chœur une chapelle peinte et sculptée où leurs royales Majestés entendirent la messe. Il dirigea la décoration de l'église et se tint tous les jours dans la cathédrale pour veiller à l'ordonnance du matériel des cérémonies. On peut encore juger de sa haute habileté et de l'admirable finesse de son ciseau en examinant les rinceaux du portail et les bouquets des pyramides (2).

---

(1) Jacques Le Roux, constructeur de la tour de *Beurre* à Rouen, mort le 27 mars 1510, fut inhumé dans la cathédrale auprès des orgues, gratuitement et aux frais de la fabrique. *Histoire politique et religieuse de l'église métropolitaine et du diocèse de Rouen*, par Fallut, 4 vol. in-8, 1850, tome II, p. 59.

(2) Un Jean Bailly travaillait en 1537 à la cathédrale de Bourges en qualité *d'asseyeur*. *Archives de l'art français*, t. I, p. 230

Maurice Favereau, maitre-maçon de Saint-Pantaléon, travaille avec Martin des Molins et Nicolas Gobin et jette les fondements de la chapelle Dorigny, (1) 1520-1525.

Les premiers architectes de Saint-Nicolas sont Bastien et Jean Bertrand. On sait que cet édifice fut presque entièrement consumé avec Saint-Pantaléon par l'incendie de 1524 et qu'il se releva de ses ruines, grâce aux libéralités des paroisses du diocèse qui fournirent d'assez belles sommes.

Gérard Faulchot II (2) travaille à St-Nicolas dès 1525 avec son fils Jean et son gendre Claude Malleterre et construit la magnifique chapelle de Notre-Dame de Lorette. Jean se charge de la voûte de la chapelle de Toussaint, du Mont-Calvaire et du portail et dirige encore d'importants travaux à Saint-Pantaléon après Antoine Dumay, 1548-1565 et à Sainte-Madeleine où il achève la tour.

Remi Mauvoisin travaille à Saint-Jean, à Saint-Pantaléon et à Saint-Nicolas, 1569-1594.

Gabriel Favereau succède à Jean Bailly II comme maitre-maçon de la cathédrale dès 1559 et travaille à l'achèvement du grand portail et de la tour. En 1568-1569 le chapitre conclut avec lui un marché « pour parachever ce qui estoit à faire à la tour et pour serrer toutes les matières et engins. »

(1) Famille ancienne de Troyes dont quelques églises ont conservé les armoiries.

(2) Probablement fils de Gérard Faulchot 1 cité dans les registres de la cathédrale dès 1496-1497 comme *varlet* de Garnache.

Jean Rousseau, maître-maçon, élève le portail « respondant sur le cimetière près la tour du clocher » de Sainte-Madeleine, 1557, et travaille à Saint-Nicolas avec Clément Henri dit le Lorrain et Gilles Lyé.

Gérard Faulchot III succède dès 1579 à Gabriel Favereau comme architecte de la cathédrale, construit en outre le portail de la grande porte de Saint-Jean-au-Marché et le minaret où l'horloge de cette église est placée, 1592. Il est consulté pour un pilier de la chapelle de Notre-Dame de Lorette à Saint-Nicolas, travaille à Saint-Remi et commence la construction de la tour de Saint-Nizier, 1605.

Jessé d'Aulnay, maître-maçon, 1608, travaille à la *tour* de Saint-Pantaléon et à Saint-Nicolas et répare à Sainte Madeleine la verrière « où est peint l'histoire de sainte Magdeleine que Jehan Macadrez, verrier, restaure. » 1609.

Laurent Boudrot succède à Gérard Faulchot III dès 1608 comme architecte de la cathédrale et cesse de paraitre dès 1613 l'année même où il travaillait à la tour de Saint Nizier.

Gérard Boudrot succède à Laurent dès 1620, « dresse un état de la pierre qu'il convient avoir pour le parachèvement de la tour Saint-Pierre haulte de 365 marches chacune de demy pied de hault » et visite les tours de l'église avec deux maçons de Paris, 1622-1623. Gérard dirige des travaux à Saint-Nicolas, à Saint-Pantaléon, à Sainte-Savine et à Saint-Jean, tandis que Nicolas Boudrot achève le portail de Saint-Nizier et pave cette église.

Chebouillet et **Madaïn** entreprennent le maître-
autel de Saint-Jean, 1665-1667. Noblet, architecte du
roi à Paris, fait les plans et les devis du maître-autel.
Jacques Madain monte le rétable de marbre exécuté
par Girardon, 1692 (1).

IV.

TAILLEURS D'IMAGES OU STATUAIRES

Drouin de Mantes nettoie et blanchit avec Denisot
pointre « les ymaiges dou porteau devant, refait le
dyadime de l'ymaige de Dieu, la main dextre, la teste
de l'aigle... » et met « ledit porteau en premier estat
qu'il fut » 1381-1382. M. Pigeotte croit reconnaître
avec M. Quicherat une œuvre antérieure à la construction commencée sous l'évêque Hervé, un bas-relief du
xiie siècle, tel qu'il se voit dans la grande porte de la
cathédrale de Chartres. (2)

---

(1) Les registres de Saint-Jacques citent Henri Madain dès 1612. Pierre
Madain et son fils travaillent à Saint-Pantaléon de 1623 à 1645.

(2) *Etude sur les travaux d'achèvement de la cathédrale de Troyes*,
p. 11. Le portail principal de la cathédrale édifiée par l'évêque Milon
avait échappé à l'incendie de 1188 avec d'autres parties et était orné des
deux statues de saint Pierre et de saint Paul.

Girard de Han « tailleur d'ymaiges, » sculpte la statue de Saint-Paul, tandis que Drouin sculpte celle de Saint-Pierre, 1382-1383.

Coinrot de Strasbourg ne travaille au jubé de la cathédrale que deux semaines, 1384-1385 (1).

Jean de Cologne, maçon, est si habile que peu de temps après son arrivée il reçoit des proviseurs en cadeau une paire de chaussures, 1384. Il est chargé en 1396 par la ville d'Amiens de faire trois statues, deux de Notre-Dame pour poser à la porte du *Gaiant* et la dernière, Dieu le père pour mettre à la porte de *Montre-écu*, moyennant 72 sous chacune (2).

Peyret ou Pierret taille l'image de Saint-Jean et travaille au jubé, 1389.

Trubert Perrin sculpte les gargouilles de la cathédrale dès 1411 et travaille la même année à Sainte-Madeleine.

Jeannin répare les statues de saint Pierre et de saint Paul placées à l'ancien portail de la cathédrale, 1419-1429.

Hennequin de Tournay sculpte le tabernacle à mettre les châsses avec « son varlet » Robinet de Tournay (3).

---

(1) Manuscrit 9112, fol. 124, Biblioth. nationale.

(2) Recherches historiques sur les ouvrages exécutés dans la ville d'Amiens, par des maîtres de l'œuvre, etc., par H. Dusevel, in-8, 1858, p. 17.

(3) Un imagier de Liége, Hennequin, exécute dès 1367 le tombeau de Charles V qui avait légué son cœur à la cathédrale de Rouen. *Revue des architectes de la cathédrale de Rouen*, par A. Deville. Rouen, in-8, 1848.

Jacquet taille les « ymaiges de Cayn et d'Abel en l'une des pierres du biau portail » (1) 1451.

Jean le Boucher et **Petit Jean**, son cousin, de Malines, font « ung ymaige de S. Christophe et un S. Nicolas » pour mettre au même portail, 1463.

Jean le Vachat refait la couronne et le sceptre de saint Louis dans la chapelle de ce saint, 1462.

Oudart Colas, fils d'Antoine Colas, maître-maçon, fait la statue de saint Michel placée sur le grand pignon de la cathédrale, 1490. Cette statue en pierre de Tonnerre, posée dès 1492 sur le pignon du mur qui fermait alors l'église, se détacha de sa base le 8 octobre 1700 et écrasa plusieurs ouvriers dans sa chute. Elle avait été dorée par Jean Copain « de fin or, excepté les mains et le visage de chair et le renvers du manteau de fin azur. le diable de diverses couleurs. »

Colas Didier « tailleur d'ymaiges » sculpte les armes de feu M⁰ Oudard Hennequin, jadiz doyen de Saint-Urbain et chanoine de Saint-Pierre, lesquelles sont soutenues par deux anges et assises en la seconde formette de la nef » 1501.

Simon Mauroy taille les écussons et armoiries du jubé de Sainte-Madeleine, 1515-1516.

Marc Bachot, « tailleur d'ymaiges » restaure « ung Saint-Pierre duquel a refaict toute la teste, l'estomac, les bras et les clefs, et reblanchit le reste d'iceluy

---

(1) Portail septentrional. Le même registre constate encore la confection des statues de saint Etienne, de saint Nicolas, de saint Clément, de saint Christophe, de deux prophètes et du *grand Dieu*.

ymaige et aussi faict une main et une croix à Saint-Michel, » 1517. Sainte-Madeleine.

Jean Cornalle « tailleur d'ymaiges » sculpte sur une clef de voûte les armes de Monseigneur l'aumônier | Oudard Hennequin, aumonier du roi | et celles de la cathédrale « en la clef de la petite volte » d'une chapelle, 1521-1522.

Jacques Bachot taille un saint Pierre pour la cathédrale, 1504, une Notre-Dame de pitié et deux anges pour saint Jean, 1506; une Notre-Dame, dorée et peinte par Jean Copain pour Saint-Pantaléon, et une autre pour le grand autel de Saint-Nicolas, 1524-1525. (1)

Pierre le Nattier, 1526.

Jacques Cordonnier, « tailleur d'ymaiges, pour une partie de la façon et graveure de la tumbe faicte pour feu monseigneur Maistre Jacques Foucquier. » 1500-1501. (2)

Etienne Cordonnier travaille à Saint-Pantaléon, 1520.

Jacques Jubert, « tailleur d'ymaiges, taille bien et dûment plusieurs saintes ymaiges pour l'église de la Maladrerie près Provins et travaille à Saint-Pantaléon.

(1) Ce Bachot construisit en 1515 un *sépulcre* à Saint-Nicolas du Port. Bérard, *Dictionnaire des artistes français du* xii° *au* xviii° *siècle.*

(2) En sculpture des tombes occupait beaucoup d'artistes dans les siècles qui nous ont précédés. C'était une sorte de gravure en creux qui admettait beaucoup d'ornementation. Il est facile de voir par les pierres tombales qui nous restent que des artistes de mérite y étaient employés. Mais ceux-ci signaient rarement leurs œuvres. Jean Lemoine est le seul tailleur de pierre nommé par M. Arnaud dans son *Voyage archéologique* comme ayant signé la tombe d'un chanoine qui se trouve à la cathédrale.

Jean le **Nattier**, « tailleur d'ymaiges » refait une main de saint Edme à Saint-Jacques, 1526, et travaille à l'autel de la chapelle de Notre-Dame de Lorette à Saint-Nicolas, 1529-1530.

Christophe Molu « tailleur d'ymaiges » en bois plu-tôt que sculpteur, exécute à Saint-Etienne un bas-relief en bois doré placé dans le chœur et représentant le martyre de saint Etienne, 1537 ; sculpte la statue de Notre-Dame de Lorette à Saint-Nicolas, 1528 et exécute un rétable pour le maître d'autel de Saint-Remi repré-sentant la Passion dans ses moindres détails.

Nicolas le Flamand, « tailleur d'ymaiges, » refait tout à neuf plusieurs ymaiges de bois pour la petite horloge de la cathédrale, 1535-1536, blanchit et répare les ymaiges de Saint-Jacques et de Saint-Philippe des deux piliers neufs du chœur, 1536-1537 et travaillait à Saint-Nicolas en 1525-1526.

Claude, « ymaigier, » fait les « ymaiges de la cha-pelle de Toussaint » à Saint-Nicolas, 1533 et de petits « ymaiges en la clef de la volte de la même chapelle. »

Yvon Baschot, « tailleur d'ymaiges, besoingne sur l'ymaige de miséricorde » et aux stalles du chœur de la cathédrale, 1531 et « fait deux petites hystoires pour le grant portail à c sous chascune. » Christophe Molu, appelé par le chapitre constate son habileté en 1534 et obtient pour cet artiste une assez belle gratification.

Nicolas Hallins ou Havelin « ymaigier demourant à Troyes près la Licorne » peut-être le même que Nico-las le Flamand, sculpte dès 1512 « les ymaiges en rondeaulx du devant du jubé de Sainte-Madeleine »

— taille le reliquaire de bois en façon de coupe, id.
1513 — sculpte « quatre petitz prophètes ès quatre
piliers de boys qui ont estez faictz neufz par les menuy-
siers | de la cathédrale | pour mettre sur le boyart
| civière | à porter la saincte hostie le jour du sainct
Sacrement, 1525-1526, — fait ung patron de bois de
saincte Marguerite pour le faire d'argent et ung petit
Dieu aussi d'argent — taille quatre istoires de la vie
de sainct Pierre pour asseoir au premier portail devers
la rue, 1523-1524 — une histoire de la vie sainct Paul
pour asseoir au portail neuf de sainct Paul, 1524 —
deux histoires pour le grand portail du milieu, assavoir l'une comment nostre Seigneur fut buffetté, yeulx
bandés et l'autre comment il fut coroné du chappeau
d'épine, 1526-1527.

Nicolas Hallins fut probablement à cette époque un
artiste aussi habile qu'actif, car les rangs de niches
pratiquées dans les voussures des trois portiques, dans
les trumeaux et dans les pans des murailles furent
presque tous décorés de statues sorties de son
ciseau. Comme on a dû le remarquer, le portail du
milieu fut consacré à représenter les principales
circonstances de la passion de Notre-Seigneur, celui
de droite l'histoire de saint Pierre dont la tour
s'élève majestueusement au-dessus et celui de gauche
l'histoire de saint Paul. *La Légende dorée*, par
Jacques de Voragine, paraît avoir été le livre dans
lequel les artistes venaient puiser largement pour
décorer les églises de statues et de vitraux. Il est
même probable que les sujets leur étaient dessinés

par d'autres comme le prouvent les dépenses suivantes :

« Au petit Gérard pour avoir faict l'ordonnance des ymaiges de la chapelle de Toussaintz, 1533, Saint-Nicolas.

« Au petit Gérard, painctre, pour avoir faict le patron de la verrière saint Claude, id.

« A Jehan de Paris, pour sa vacation d'avoir faict l'ordonnance de la table du grant autel, id. »

Dès 1527, Nicolas Hallins avait si bien mérité du chapitre qu'il reçut pour récompense de ses *hystoires* la somme de cinquante sous. Mais soit que le chapitre n'eût pas assez de ressources pour achever la décoration de ses portails, soit qu'ils fussent déjà complètement ornés de sculptures et de statues, le nom de notre tailleur d'images ne reparait plus dès 1531 que dans le compte de cette année où il est dit qu'il marchanda pour faire « les trois ymages Nostre-Dame de Pitié, Jehan et la Madeleine selon le volume et l'ordre que le maistre maçon lui a donné (1). »

Jacques Juliot. « tailleur d'ymaiges demourant près Saint-Urbain, rue Moyenne » retaille la table de l'autel Notre-Dame à Saint-Jean et l'enrichit de dorures et autres ouvrages, 1511 — travaille « au portail devers le cimetière » de Sainte-Madeleine, 1517, —

______

(1) Comptes de la fabrique de l'église de Troyes, 1523-1531.— *Etude sur les travaux d'achèvement de la cathédrale de Troyes*, pag. 118. L'année précédente, le 6 avril, Hallins avait reçu 60 sous « pour avoir remis à point le petit orologe dedans l'église, en sorte et manière qui torne à présent. »

sculpte le rétable de l'abbaye de Larrivour longtemps
attribué par Grosley à Gentil et à Dominique et dont
Martène admirait en 1709 les nombrenses figures,
en déclarant d'après Girardon « qu'on n'en paierait pas
quelques unes leur pesant d'or (1) — et exécute encore
celui de Saint-Nizier dont Grosley nous a conservé la
description (2). Jacques Juliot mourut le 12 novembre
1567 comme le constate l'épitaphe suivante gravée sur
sa tombe qu'on peut encore voir devant le chœur de
l'église Saint-Urbain dont il était marguillier : *Cy gist
noble homme Jacques Juliot, maistre sculpteur et ma-
rigl. de céans, lequel a donné la table du grant hostel.
Il décéda le XII jor de novëbre 1567. Priez por les tres-
passez.*

Quoique qualifié du titre pompeux de *noble homme*,
M. Lebrun a démontré dans ses savantes recherches
que Jacques Juliot « ne s'est jamais senti attiré vers
les éblouissantes visions d'un idéal supérieur et que
loin d'être touché par cette flamme d'en haut qui fait
les grands artistes, il s'est contenté d'exercer paisible-
ment dans sa ville natale son métier de *marchand
tailleur d'images* (3).

Un Nicolas *Juliot*, maçon, travaillait au jubé de la
Madeleine dès 1508.

(1) Ces bas-reliefs font partie de la riche collection de M. Gréau, de
Troyes.

(2) Ephémérides 1766, p. 25 et 26. *Les Bas-reliefs de Saint-Jean-au-
Marché*, par M. Lebrun-Dalbanne. Mémoires de la Société académique de
l'Aube, 3e série, t. II, 1865, p. 46.

(3) Id., p. 54. Jacques Juliot était marguillier de Saint-Jacques en
1540.

Genet Collet, « ymagier, racoustre l'ymage de la Conception » et travaille au grand autel de Saint-Nicolas d'après les dessins de Pierre le verrier qui avait fait « le pourtraict des ymaiges » 1533 et aux « ymaiges des chaires » de la cathédrale en qualité d'*ymagier-menuisier*.

François Richard « ymagier » exécute avec Genet Collet cinquante-quatre culs de lampe pour les stalles du chœur de la cathédrale, 1531-1532. Ce Richard et Genet Collet sculptaient sur bois comme le constatent les registres de la cathédrale.

Jean Gendret, tailleur d'imaiges, demeurait «devant le cimetière Nostre-Dame, dans la maison de feu Balthazar Godon, verrier », 1546 (1).

Jean Colet, « ymagier, rabille l'ymage au portail de Saincte-Madeleine devers la rue du Boys et l'ymage Saincte-Marie au portail devers la maison des Ménissons » 1554.

Dominique del Barbiere ou *Dominico Rinuccini*, plus connu sous le nom de Dominique le Florentin, naquit à Florence dans les premières années du xvi⁰ siècle. Elève de *Primaticcio*, il accompagne son maître et concourt largement aux décorations et aux sculptures exécutées par ce dernier dans les châteaux de Meudon et de Fontainebleau. (2) Mais amené à Troyes par le Primatice, lorsque celui-ci vint prendre possession de son

---

(1) Registre de Saint-Urbain.

(2) Dominique peintre, sculpteur et architecte, travailla dans cette dernière ville avec Germain Pillon et y attira peut-être un des Cordonnier, François et Jean Pothier. Note communiquée par M. Natalis Rondot.

abbaye, Dominique renonce tout à coup aux résidences royales et se met à l'œuvre dans la capitale de la Champagne où les riches abbayes, les églises et les opulentes corporations de Troyes le recherchent à l'envi.

Dominique, qui habitait la rue des Forces, construisit, avec son gendre Gabriel le Faudreau, un magnifique jubé à Saint-Etienne qu'il achevait en 1555, et travailla avec François Gentil pour les églises de Saint-Nizier, de Saint-Nicolas, de Saint-André et de Saint-Pantaléon. Il paraît que, charmé de ses travaux exécutés à Meudon et à Fontainebleau, François Ier le manda plusieurs fois de Troyes en lui promettant de belles sommes, mais Dominique, plus modeste que le Primatice et préférant son indépendance, refusa constamment de quitter sa patrie d'adoption, où il mourut en 1570.

Comme beaucoup d'autres Italiens, notre Florentin savait travailler l'argent. car il cisela, pour la joyeuse entrée de Charles IX, un vase d'argent destiné au jeune monarque (1). Le Primatice exécuta quelques travaux au château de Polisy. Le registre des *Insinuations ecclésiastiques* de l'année 1554-1555 nous apprend qu'il y donna les pouvoirs de vicaire-général à Jean Thiénot en présence de Hubert Julliot et de Dominique Florentin (2). Ces deux derniers artistes travaillaient alors sans aucun doute au château des

(1) *Lettres missives de Henri IV conservées dans les archives municipales de la ville de Troyes* publiées par M. Boutiot.

(2) Archives de l'Aube, G. 66.

Dinteville sous l'habile direction de l'abbé de Saint-Martin-ès-Aires.

Edme Gentil « peint les deux clefs ensemble le feuillage et escussons entaillés pour les deux voultes de la chapelle Drouyn dans la cathédrale, » 1520-1521. Quel était cet Edme Gentil? C'était un de ces modestes artistes des Riceys que les ressources d'une grande ville avaient attirés à Troyes, et dont le fils devait acquérir une brillante renommée.

François Gentil, tailleur d'images, naquit à Troyes vers 1510 et visita de bonne heure l'Italie, cette patrie des beaux-arts d'où venait Dominique et avec lequel il se lia. Gentil enrichit les églises de sa ville natale de nombreux bas-reliefs et de belles statues, fit plusieurs mausolées, parmi lesquels nous citerons celui du cardinal de Givry qu'on admirait avant 1789 dans la cathédrale de Langres et sculpta pour l'église Saint-Martin de cette dernière cité le *Christ* le plus admirable qu'il y ait en France. Troyes possède encore de cet habile artiste dont les œuvres furent appréciées par le chevalier Bernin, par Girardon et par Martène, les bas-reliefs de l'ancien rétable du Saint-Ciboire de Saint-Jean (1), 1535 à 1540; le *Christ à la Colonne*, de Saint-Nicolas, 1550; les statues de sainte Elisabeth et de la Vierge figurant la *Visitation*, dans une des chapelles de Saint-Jean; le *Christ ressuscité du Sépulcre*, à Saint-Nicolas et cette incroyable série de bas-reliefs et de statues qui ont rendu l'église de Saint-

(1) L'autel du Saint-Ciboire vient d'être rétabli dans son intégrité primitive par les soins de M. l'abbé Morlot, curé de Saint-Jean.

Pantaléon justement célèbre et qu'il exécuta avec Do minique Rinuccini (1).

Gentil, qui ne mourut qu'en 1588, sculpta plusieurs statues pour le portail principal de la cathédrale, 1547; le *Baptême de saint Augustin*, pour l'abbaye de Saint-Loup, et qui fut plus tard transporté dans la chapelle des fonts baptismaux de la cathédrale, 1549 ; deux anges pour le *Ciborium* de Saint-Nicolas, 1555 ; la statue de saint Yves, le Crucifix et les autres images sur le portail de cette église ; des bas-reliefs et des statues pour le jubé de Saint-Etienne ; une statue de saint Jean l'Evangéliste pour mettre sur le grand autel de Saint-Jean, 1559 ; une statue de la Madeleine, pour Sainte-Madeleine, 1563 ; un Crucifix au-dessus du bénitier neuf de Saint-Jean, 1572 et le *Trépassement* de Notre-Dame, doré par Jacques Passot et placé dans la nef de la cathédrale, 1579-1580.

Dans le registre de Saint-Jean de 1572, au 8 juin, le marguillier, après avoir constaté la somme versée à Gentil pour un Crucifix, rappelle que cet artiste a signé *F. Gentils* avec force paraphes et embellissements, tels qu'ils étaient usités à cette époque, quoique, suivant le témoignage de Grosley, Dominique et Gentil, par délicatesse ou par négligence ne signèrent presque jamais leurs travaux.

Le portrait de Gentil nous a été conservé dans un des tableaux du musée de Troyes et dans le troisième

____

(1) *Les Bas-reliefs de Saint-Jean-au-Marché*, par M. Lebrun-Dalbanne. — Archives de l'Aube, Comptes des fabriques des églises citées.

des bas-reliefs de Saint-Jean, où l'on remarque à peine
un personnage coiffé d'une toque à plume jetée
de côté sur la tête d'une façon toute cavalière. Dominique a donné sa physionomie à la statue de saint Jacques qui se dresse au premier pilier de droite en en-
trant à Saint-Pantaléon, au-dessus de sa tombe gravée
de deux pals en sautoir (1).

Nicolas Bigot, tailleur d'images, fait une image de
saint Lambert à Saint-Jean, 1591, et répare le bras
du Dieu du mont Calvaire à Saint-Nicolas.

Louis Goussin, tailleur d'images, travaille au maître-
autel de Saint-Pantaléon, 1592-1594.

Claude Bange, sculpteur, « refait et nettoie des
figures en pierre de la chapelle Sainte-Mastie et aussi
quatre pièces neufves de sculpture » à la cathédrale,
1626-1627 ; fait l'image de la Vierge du grand portail
de Saint-Pantaléon, 1644, et celle du Christ mise au
pilier de Saint-Sébastien en place du Crucifix.

Gaspard Vestier, sculpteur, fait un doigt à l'image
de Notre-Dame-de-Pitié, à Saint-Nizier, 1649.

Chabouillet fils raccommode les figures des apôtres,
au maître-autel de Saint-Nicolas, 1666-1667, — peut-être
le même qui, menuisier-sculpteur, raccommode les
anges et les images du chœur de Saint-Pantaléon,
1664-1665.

Nicolas Vanthier exécute l'image de saint Barthé-
lemi, de pierre, donnée par Mlle Maillet à Saint-Pantaléon et travaille à Sainte-Madeleine, 1666.

---

(1) Id., p. 75. — Grosley, Ephémérides, 1764, p. 60.

Louis Vauthier, sculpteur, travaille également à Saint-Pantaléon, 1685.

Claude Mignot, maître-sculpteur, répare l'image de saint Jude et sculpte celle de saint André au grand portail de la cathédrale, 1687.

Laporte, sculpteur, élève de Girardon, travaille à l'autel de Saint-Jean, 1692.

Harluison, sculpteur, sculpte « vingt panneaux au balustre du Saint-Ciboire à Saint-Jean, » 1693.

François Girardon, né à Troyes, le 16 mars 1628, donne à sa ville natale un médaillon de marbre blanc représentant Louis XIV; à l'église Saint-Remi sa paroisse un Christ de bronze, le plus beau peut-être de ses ouvrages, et travaille à la décoration du maître-autel et de l'autel de la communion de l'église Saint-Jean. Admirateur des anciens sculpteurs de Troyes et modeste, Girardon conserve le magnifique rétable d'albâtre de François Gentil et se contente de faire un tabernacle et quelques ornements. Renversé par les Vandales de 1793, l'autel de la Communion ou du Saint-Ciboire, élevé aux frais de la confrérie du Saint-Sacrement. vient d'être rétabli. — Girardon meurut à 88 ans, le 1er septembre 1715.

V

MENUISIERS-SCULPTEURS

Jean de Provins sculpte les stalles du chœur de la cathédrale, 1375-1390.

Jean Oudot, « huchier, » orne de sculptures délicates « la chayre épiscopal » dressée dans le chœur de la cathédrale, 1429, et fait le tabernacle à mettre les châsses avec ses fils Thévenin et Jean Oudot.

Godier Jean, fait « un aigle pour mettre le livre où l'on chante au jubé, » 1510.

Brisonnet Jean fait « une chère à prescher à six pans à double drapperie » pour Sainte-Madeleine, 1520-1521.

Pierre Foucault, dit Prieur, « huchier, » fait « une chaire à prescher eslevée par personnaiges assise et mise contre le pillier de l'autel de Toussaints, à Saint-Jean, 1508-1509, et fait « le pourtraict des chaires du chœur » de la cathédrale, 1525.

Pierre de Vaulx, menuisier de Blois, appelé par l'évèque de Troyes, passe sept jours dans cette ville et fait « le pourtraict des chaires (stalles) du chœur de la cathédrale (1). »

(1) Jean de Vaulx et Innocent Fournier sont cités dès 1525-1526 comme menuisiers-sculpteurs, et travaillent avec Adam d'Aubelmor et son gendre.

Adam d'Aubelmer, maître-menuisier, dirige les travaux des stalles du chœur et gagne 7 sous 6 deniers par jour, 1524-1525 (1).

Mathieu de Rommelles, gendre d'Adam d'Aubelmer, achève les stalles, 1530-1531 (2), Quelques-unes, destinées aux dignitaires du chapitre, étaient à dossier et terminées par des clochetons à jour. Mathieu travaille encore au jubé de Notre-Dame-en-l'Ile et fait les stalles de Saint-Etienne avec Jacques Millon et Simon Collot, 1533-1548.

Quentin Berny fait « les chaires » de Saint-Jean, d'après les dessins de Mathieu de Rommelles.

Jean Berny fait « une columne de bois avec chapiteau, cornice et pied d'estral que visite maistre François Gentilz, » le célèbre sculpteur troyen de ce nom, accompagné de Jacques Rigolet et de Robert Bonony, qui en avait fait « le portrait, » 1546-1547.

Pierre Clément exécute en 1550 un buffet d'orgues pour Saint-Etienne.

Antoine et **Noël Fournier**, « maistres-menuisiers-sculpteurs, demeurant à Troyes, font le buffet des orgues de Saint-Jean, 1600 ; « la chaire à prescher de Sainte-Savine, avec cinq ymages, sainte Savine et les quatre Evangélistes (3), » travaillent pour Saint-Nico-

(1) Cet artiste avait présenté au chapitre de Troyes « le pourtraict des chaires » des cordeliers de Châlons en Champagne que visita Mathieu de Rommelles.

(2) Parmi les charretiers qui transportent le bois d'Aix-en-Othe les registres citent Christophe *Gentilz*.

(3) La date de 1626 est gravée au bas de l'un des panneaux.

las et Saint-Remi et y exécutent des bas-reliefs remarquables.

Nicolas Fournier exécute la belle chaire à prêcher de Saint-Nicolas, 1623-1632.

Augustin Paupelier, sculpteur et menuisier de Troyes, fait « trois ymages pour mestre devant le grand portail de Sainte-Savine, l'un représentant sainte Savine, le second saint Savinien et le troisième saint Fiacre (1), et le tabernacle de la confrérie du Saint-Sacrement, à Saint-Jean que dore le peintre Margelle.

Jacques Milon, menuisier-sculpteur.

Jacques Lhuilier travaille à la cathédrale dès 1581.

Alexandre Bouclier, id. 1605.

Baudesson, premier maître de Girardon, chez lequel le célèbre sculpteur fut mis en apprentissage, fut inhumé à Saint-Urbain, où Grosley vit son épitaphe.

Chabouillet, menuisier-sculpteur, restaure les anges et les autres statues du chœur de Saint-Pantaléon, 1664-1665.

Parmi les charpentiers, on doit citer Jean de Nantes, qui commença le grand clocher de la cathédrale, et qui fut remplacé en 1418 par Perrin Loque, son gendre. Jean, avant de se mettre à l'œuvre, avait visité, avec Thomas Michelin, les églises de Bourges et de Meun-sur-Yèvres « pour veoir les clochers que l'on disoit moult bons. »

---

(1) Augustin Paupelier sculptait également sur bois et sur pierre, car il refit encore la Vierge d'un portail de Saint-Nicolas, 1614. Il mourut en 1639 et fut inhumé à Saint-Urbain où son épitaphe se voyait encore au xviiie siècle dans un cartouche de bon goût qui ornait la travée où sont placés les fonts baptismaux.

FACTEURS D'ORGUES

Jean de Poignez, facteur d'orgues à Paris, répare
les orgues de la cathédrale, 1381-1382.

Bernard de Montigny, chanoine de Saint-Etienne,
répare les mêmes orgues en 1429.

Poncelet Barbette, « maistre et ouvrier d'orgues à
Paris, » les répare également en 1433.

Jean Robelin, organiste de Saint-Etienne, démonte
les *grosses* et *petites* orgues de la cathédrale et les répare en 1484.

Pierre Bernard, facteur d'orgues, fait celles de Saint-
Nicolas, 1526-1534.

Nicole Gui fabrique les orgues de Sainte-Madeleine,
que peint Louis Potier et que dore Jacques Passerat,
1540.

Hilaire (frère), cordelier, sous-prieur de Notre-Dame-
en-l'Ile, répare les orgues de Sainte-Madeleine et de
la cathédrale et fait celles de Saint-Nizier, 1541-1587.

François Mainfroy, « maistre faiseur d'orgues, »
entreprend la réparation des orgues de Saint-Etienne,
1551.

François des Oliviers, « maistre facteur d'orgues, »

né à Lyon et demeurant à Troyes, travaille aux orgues de Saint-Etienne, fournit des tuyaux aussi gros que ceux de Sainte-Geneviève de Paris et place « sur la montre ung saint Etienne se mouvant comme s'il était en vie, et deux figures à ses côtés, tenant chascun une pierre en la main comme s'ils vouloient le lapider, » 1555 (1).

Simon du Prey, demeurant à Dijon, répare les grandes orgues de la cathédrale, 1597-1598.

François de la Haye, « maistre-facteur d'orgues, » répare les mêmes orgues, 1612-1613.

Jean-Baptiste Lemoine, de Troyes, répare celles de Saint-Etienne, 1617.

Louis le Bé, facteur d'orgues, achève celles de Saint-Etienne, 1693 (2).

---

(1) En 1553 François des Oliviers est appelé à Beauvais et à Bourges pour visiter les orgues. *Archives de l'art français*, t. 1, p. 219.

(2) Jacques le Bé réparait celles de la cathédrale en 1627-1628, et Nicolas le Bé celles de Saint-Pantaléon vers 1610. Parmi les organistes de cette dernière église nous citerons celui qui est désigné dans le registre de 1650-1651 :

» Payé à M. Raisin, organiste, pour avoir joué de l'orgue et pour avoir fait jouer pendant un an... 30 livres.

Ce Raisin est celui qui de Troyes se rendit à Paris avec sa femme et ses enfants, et attira la foule à la foire de Saint-Germain par sa merveilleuse épinette. Mais Louis XIV ayant fait ouvrir l'instrument et dévoilé la ruse de notre organiste, Raisin forma une troupe dans laquelle débuta le fameux Baron. *Légendes, curiosités et traditions de la Champagne et de la Brie*, par Alex. Assier, page 30.

FONDEURS DE CLOCHES

La vieille capitale de la Champagne compta de bonne heure un si grand nombre de cloches que les étrangers lui appliquèrent ce proverbe :

D'où viens-tu? — Je viens de Troyes.
Qu'y fait-on ? — L'on y sonne (1).

La cloche la plus célèbre de cette ville ne fut point celle de la cathédrale, comme nous l'avons dit dans une *Nôtice historique sur la sonnerie des églises de Troyes au moyen âge* (2), mais la *grosse Marie*, qui fut placée en 1462 dans le beffroi dont l'existence est constatée dès 1328 (3).

Etienne, du bourg Notre-Dame, est le premier fondeur de cloches cité dans les registres.

Robinet refait une petite cloche de Saint-Jacques, 1421-1422.

_____

(1) *Archives historiques du département de l'Aube*, p. 303.

(2) *Bibliophile du département de l'Aube*, 5e livraison, in-8, 1854.

(3) Archives de l'Aube, G. 1113. Registre où il est fait mention de rentes assises sur des maisons situées « dessouz le beffroy. »

Simon Maigret, d'Haillecourt, fond la *grosse Marie* avec son fils et son neveu en l'an

> Mil quatre cens avec soixante deux.
> Leurs noms [furent] mis en tiltres azurez
> De lettres d'or enrichiz coulorez
> Triumphamment dedans [le] chronographe (1).

Thibaut, le fondeur, fond l'une des cloches de Sainte-Madeleine, 1451.

Jacques et **Robinet Reguin** fondent trois cloches de la cathédrale en 1475 et reçoivent des chanoines « des harengs, des carpes et autres choses pour les animer. »

Henri fond une petite cloche des quatre du grand clocher, 1495.

Jacques et **Joachim de la Bouticle**, père et fils, fondent les cloches de Saint-Loup, 1498, et deux du gros clocher de la cathédrale.

Nicolas de Longchamps fond des cloches pour Sainte-Madeleine et pour Saint-Pantaléon, refond deux des petites cloches du petit clocher de la cathédrale et celle de Sainte-Savine avec Joachim de la Bouticle, 1515-1534.

Nicolas, Joachim et le **Poitevin** fondent trois cloches pour Saint-Nicolas, 1524.

Charles de Longchamps fond deux cloches pour l'horloge de Sainte-Madeleine, 1560-1561.

(1) *Complainte de la grosse cloche de Troyes en Champaigne*, in-8, p. 25 et 29.

Sébastien et **François Blanchard**, de Chaumont-en-Bassigny, fondent la grosse cloche appelée *Brayhault* pour Saint-Etienne, et deux moyennes pour Sainte-Madeleine, 1573-1577.

Jean Godin fond « une cloche neuve » pour la cathédrale, 1573, et une des quatre petites de Saint-Jean, 1583.

Jean de Longchamps fond une cloche pour Saint-Nicolas, 1606.

Jacques de Molins, Guyon de Longchamps et Félix Godin, fondeurs.

Nicolas Godin fond une des petites cloches de la tour de la cathédrale, 1624, et visite « les trois grosses qu'on ne pouvoit faire sonner. » .

VIII

ORFÈVRES

Le métier d'orfèvre était autrefois un art véritable. Les orfèvres faisaient des vases sacrés et des reliquaires auxquels la sculpture, la ciselure et la gravure donnaient une grande partie de leur valeur. Maniant également le crayon, le burin et le marteau, ces artistes devenaient presque sans transition peintres, graveurs, sculpteurs ou architectes.

Les orfèvres de Troyes dès le xii⁰ siècle paraissent avoir joui d'une réputation qui s'était étendue au loin. La capitale de la Champagne devint même un des centres principaux de la fabrication de l'orfèvrerie et de la joaillerie. Le tombeau et la statue d'argent de Henri le Large témoignent assez de l'habileté des orfèvres dès le xiie siècle et les lettres que le roi Charles V adressa au bailli en mai 1369 ne permettent point de douter de l'importance de cette corporation à cette époque. On excellait à Troyes dans le travail du *repoussé*, travail qui présente de si grandes difficultés pour les reliefs à fortes saillies, mais qui laisse libre carrière à l'art du sculpteur et du ciseleur.

Jean d'Orléans fait la châsse de sainte Hélène pour la cathédrale, 1339.

Jean de Premierfait, peut-être frère de Laurent de Premierfait, qui, le premier, traduisit en français le *Décaméron*, de Boccace, répare les châsses de saint Savinien et de saint Philippe et d'autres reliquaires de la cathédrale, 1381-1382.

Jean de la Rotière répare « la bonne croix, le chef de saint Philippe, » et refait le bâton de la crosse de l'évêque, 1414-1415.

Nicolas Chevry travaille à la châsse de saint Savinien, 1431.

Jean Garnier fait « l'ymage de saint Jean » pour l'église Saint-Jean avec la somme laissée par le testament de maître Jean Chappelier, 1441.

Jean Perrin répare quatre textes d'ivoire et d'argent et quatre textes neufs, 1487-1488.

Remynet fait l'image de saint Pantaléon pour Saint-Pantaléon d'après les cartons de Nicolas Cordonnier, 1510.

Jacques de Marisy fait une châsse pour Saint-Jacques-aux-Nonnains, 1526.

Jean Guérin fait « une ymage de cuivre de saint Urse, tenant en la main le reliquaire du dit saint, » Sainte-Madeleine, 1520.

Simon Mitard fait les images de cuivre de la châsse de sainte Syre.

Jean Papillon dore « l'image où est enchâssé le reliquaire de saint Pantaléon, » 1520, et exécute la magnifique châsse de saint Loup. Cette châsse, qui datait de 1153, avait été brisée en 1364 dans une des processions qui se faisaient dans les villages pour recueillir des aumônes. « Refaite des dons qu'en affluence donnèrent les gens de bien (1), » cette châsse fut de nouveau brisée au temps où Nicolas Forjot gouvernait la royale abbaye de Saint-Loup. Celui-ci s'adresse à Papillon, célèbre orfèvre de Troyes, qui voulut probablement associer les émailleurs limousins à son œuvre, afin de l'embellir et de la rendre plus digne du grand saint qu'il s'agissait d'honorer.

Le reliquaire fut achevé en 1503 et exposé cette même année, la veille de la fête de saint Loup, et le 6 avril 1505, la cérémonie de la translation des reliques du saint se fit avec une pompe vraiment imposante, car, parmi les assistants, on vit l'évêque Jacques Raguier, les abbés de Montier-la-Celle, de

____
(1) Des Guerrois, *Saincteté chrestienne*, p. 408 v°.

Molesme, de Saint-Martin-ès-Aires et de Larrivour, le doyen de Troyes, le lieutenant du gouverneur de la Champagne et le maire de la ville (1).

M. Lebrun-Dalbanne, auquel nous devons ces précieux détails, attribue les émaux de la châsse de saint Loup au limousin Léonard Penicaud appelé Nardon par abbréviation. Quoiqu'il en soit, ce reliquaire dut être le chef-d'œuvre de Papillon, car Grosley le qualifie de « monument précieux et des talents de l'orfèvre troyen et de la munificence de Nicolas Forjot (2). » Des Guerrois l'appelle « l'un des plus beaux et riches joyaux de France » et Mabillon lui-même avoue « qu'il n'avait vu que le chef de saint Lambert à Liége qui pût en approcher. » Et en effet, on peut juger de l'admiration qu'il excita dans presque tout le royaume où il fut porté, car les offrandes en remboursèrent rapidement le prix, quoiqu'il se fût élevé à 2.200 livres tournois représentant 60.500 francs au pouvoir actuel de l'argent.

Ajoutons que les émaux ont échappé au vandalisme révolutionnaire et que le conseil de fabrique de la cathédrale a fait rétablir le reliquaire de saint Loup tel qu'il existait au xvi⁰ siècle, lorsqu'il sortit des mains habiles de Jean Papillon (3).

(1) *Recherches sur l'histoire et le symbolisme de quelques émaux du trésor de la cathédrale de Troyes*, in-4. Troyes, 1862, p. 44.

(2) *Mémoires inédits*, t. II, p. 280.

(3) Papillon mourut vers 1530 et fut inhumé à Saint-Jean. Il avait fait en 1522 « une ymaige de Notre-Dame en argent et ornée de perles et de pierres » pour l'église Saint-Jacques.

Jean Gaulcher, dit *Domino,* travaille à la châsse de saint Savinien, 1562 (1) et « répare les ymages de N.-D. et de saint Jacques » à Saint-Jacques, 1579.

Royer fait une image de saint Jean-Baptiste pour la cathédrale, 1602.

LES VIEILLES MAISONS HISTORIÉES DE TROYES

Lorsqu'on bâtissait au moyen âge un palais, une maison bourgeoise ou qu'on élevait une misérable échoppe, on implorait la bénédiction du ciel par de ferventes prières. Le clergé de la paroisse venait en procession jeter de l'eau bénite sur la nouvelle demeure et récitait les paroles touchantes prescrites par le *Manuel.*

La foi même du propriétaire éclatait en inscriptions tirées de la sainte Bible, comme celle qui se lit encore sur l'architrave d'une maison située à l'angle de l'ancienne rue du *Mortier d'or :*

Visita, Domine Jhesu, habitationem hanc et omnes insidias inimicorum a longe repelle et angeli tui sancti habitent in ea qui nos in pace custiodient.

« Visitez, Seigneur Jésus, cette demeure et repous-

(1) Un Domino travaillait dès 1525 pour Saint-Jacques-aux-Nonnains. Cette famille a donné son nom à une rue de Troyes aujourd'hui désignée sous le nom de *Paillot-Montabert.*

sez loin d'elle les piéges des ennemis ; que vos saints anges habitent avec nous et nous conservent dans la paix !

Plus loin, dans la rue de la *Petite-Tannerie*, au-dessous des figures de la Vierge et de saint Bernard, les passants pouvaient lire ces belles paroles de l'illustre fondateur de Clairvaux :

« *Monstra te esse matrem*, montrez-vous notre mère. »

Quelquefois des maximes parlaient comme celle de la rue des Lorgnes :

En toy te fie, escoute, voy, considère et te tais, 1532.
ou comme celle de la rue Moyenne :

Contre mal pacience, 1533.

Les images des saints ornaient presque toujours la façade des maisons. Les chroniques constatent ce pieux usage et lui assignent pour date l'an 1524 si célèbre par le terrible incendie qui dévora presque le tiers de la ville.

A l'angle d'une maison de la rue du Bois, au coin de l'ancienne rue des *Quinze-Vingts*, on peut encore voir un pilastre d'ordre dorique surmonté d'un ange qui fait sentinelle en laissant échapper de ses mains un ruban sur lequel sont gravés ces mots : *Undique custos.* Sur la cheminée d'une salle basse le propriétaire a fait écrire : *Sanitas* et *libertas*, santé et liberté, non point cette effrénée que nous avons surprise dans les orgies de 1793 ou dans les saturnales de 1848, mais cette noble vertu dont parlent saint Anselme et saint Thomas d'Aquin, et que les statuaires du xiiie siècle dressaient aux portails des cathédrales.

Dans la rue de *la Tannerie*, dans une niche coiffée d'un petit dôme, la figure de saint Jean-Baptiste occupe encore sa place depuis le xvie siècle. Saint Nicolas et la Vierge Marie décorent deux maisons de la rue du *Temple*. Mais où sont ces belles statues de sainte Mathie, de sainte Madeleine, de saint Loup et de tant d'autres bienheureux dont les reliques étaient vénérées dans nos églises et que les fidèles regardaient à juste titre comme « la gloire et la gemme de la cité? »

Beaucoup de gens vantent à tout propos les constructions modernes, « mais quel spectacle attrayant trouve-t-on dans un rez-de-chaussée construit en lanterne, dans un crépi percé de trous fermés par des lames de jalousie et décoré par exception d'un bandeau horizontal ou bien d'une corniche de plâtre! C'est blanc, c'est géométrique, dira-t-on, mais après ? — Ces belles maisons ne se prêtent-elles pas à tout, ou plutôt, ne sont-elles pas assez nulles pour s'accommoder de tout ?

» Au xve et au xvie siècles, la variété était une règle, les maisons parlaient aux passants, leur révélant leur destination, l'esprit, les sentiments, l'humeur du propriétaire, et même l'état du locataire. Et pourtant les règlements et l'habitude classaient pour ainsi dire chaque métier, chaque homme dans un milieu uniforme.

» Dans ce contagieux voisinage, les constructeurs cependant ne calquaient point une maison sur une autre; la Tannerie, la rue de l'Epicerie, la rue de la Coëfferie étaient toutes variées d'effets, de lignes, de

sculptures, d'arrangements pittoresques et imprévus,
quoiqu'on n'eût point la ressource de ce pêle-mêle
actuel qui pourrait donner de si féconds résultats et
de si charmants contrastes, car le marchand claque-
muré dans une boutique étroite, à l'ombre d'un
vitrage de plomb, ignorait encore le grand charla-
tanisme de l'étalage qui deviendrait aisément une
puissante ressource architectonique (1).

Parmi les maisons principales du xvi⁰ siècle nous
citerons surtout l'hôtel de Mauroy, le plus solennel et
le plus caractérisé, et ceux de Chapelaines, de Marisy,
des Ursins et de Vauluisant. L'hôtel de Mauroy, *rue
de la Trinité*, transformé, dès 1582, en asile de
l'enfance, est devenu le siége d'une importante maison
de bonneterie qui y fit ses débuts vers 1745. L'hôtel
de Vauluisant, élevé par Antoine Hennequin sur
l'emplacement d'une propriété de l'abbaye de Vauluisant, *près Saint-Pantaléon*, est surtout remarquable
par le pavillon qui date du règne de Charles IX. L'hôtel
de Chapelaines, *rue de Croncels*, attirait surtout les
touristes par sa cheminée monumentale que possède
le musée de Troyes, comme les hôtels des Ursins, *rue
Champeaux* et de Marisy, à l'angle de la *rue Char-
bonnet* et de celle du *Mortier d'or* attirent le premier,
par son oratoire orné de belles verrières et le second,
par sa tourelle hexagonale.

---

(1) *Notice sur les vieilles maisons historiées de Troyes*, par Au-
fauvre. Congrès archéologique de France, xx⁰ session, 1854, p. 312.

LÉGENDE DE LA CROIX.

D'APRÈS LES VERRIÈRES DES ÉGLISES DE TROYES (1).

> « La croix est plus qu'une figure, elle est en iconographie le Christ lui-même ou son symbole. Aussi lui a-t-on créé une légende comme à un être vivant. »
> (Didron, *Iconographie chrétienne*, p. 375).

I.

Lorsque notre premier père fut banni du paradis terrestre, il vécut dans la pénitence, cherchant à racheter sa faute par la prière et par le travail. Arrivé cependant à une vieillesse avancée et sentant la mort venir, il appelle Seth, son dernier né, ce fils chéri qui avait remplacé le juste Abel tué par Caïn et lui dit :

« Va, mon fils, au paradis terrestre ; tu demanderas à l'archange qui en défend l'entrée le baume salutaire qui doit adoucir mes derniers moments et me préparer au long voyage que je vais faire. Tu trouveras facilement le chemin qui conduit d'ici au paradis, car après notre désobéissance, lorsque nous en sommes sortis avec ta mère, nos pieds brûlèrent la terre, et le sol a dû garder l'empreinte de nos pas. Tu supplieras

---

(1) La cathédrale, St-Martin, St-Pantaléon, Ste-Madeleine, St-Jean et Saint Nizier.

l'archange de prendre en pitié mes larmes et de m'accorder ce baume qui doit me purifier et me sauver à la mort, comme plus tard à leur naissance, l'eau sauvera les enfants que le Rédempteur aura reçus dans le baptême. »

Seth se hâte d'obéir aux ordres de son père dont la mort engourdissait déjà les membres et voilait les yeux. Il trouve la route qui menait au paradis marquée de taches noirâtres et charbonneuses qu'avait laissées autrefois l'empreinte des pas d'Adam et d'Eve. Le chemin qu'il suit est aride et pour ainsi dire maudit, car l'œil n'y aperçoit qu'une végétation rare, triste et malsaine. Cependant, à mesure que Seth s'éloigne du séjour de son père et se rapproche du paradis, l'air semble s'épurer, la campagne s'embellir, la végétation grandir et se multiplier ; mais à peine a-t-il entrevu les murs du paradis, que la nature éclate en couleurs et en fleurs merveilleuses ; l'air même entièrement transparent résonne comme du cristal sous les coups du gosier des oiseaux chanteurs.

L'oubli de la terre natale et le regret du paradis à jamais perdu s'emparent de Seth, lorsqu'il voit à quelques pas de lui flamboyer un serpent de feu. Effrayé, il n'ose avancer, car les pointes de la flamme semblent dardées contre lui. Mais il reconnait bientôt dans ce serpent l'étincelante épée mise par Dieu dans la main droite du chérubin qui gardait l'entrée du paradis et le chemin conduisant à l'arbre de vie. L'ange vêtu d'une lumière éclatante étendait d'un jambage à l'autre de la porte ses deux ailes de neige, lorsque

Seth, saisi d'un sentiment de respect et de crainte, se prosterne à ses pieds sans avoir la force de lui expliquer son message. Mais l'être céleste lut dans son âme mieux qu'un mortel dans un livre les paroles que le vieil Adam y avait comme imprimées et dit à Seth :

« Le temps du pardon n'est pas encore venu pour ton père, il faut qu'il attende quatre mille ans jusqu'à l'arrivée du Rédempteur pour entrer dans le ciel qu'il s'est fermé par sa désobéissance. Mais le Christ de Dieu qui mourra pour racheter le monde perdu par Adam veut, en signe du pardon futur, que le gibet où il laissera sa vie mortelle, sorte de la tombe même de ton père. Regarde, continua l'archange, tout ce qu'Adam a perdu par son péché. »

A ces mots il fait rouler sur ses gonds la porte de feu et d'or qui fermait le paradis, et montre à Seth une fontaine luisante comme de l'argent et transparente comme du cristal de laquelle tombaient quatre sources d'eau vive. Devant cette fontaine mystique s'élevait un arbre immense, énorme de tronc, touffu de branches, mais dépourvu de feuilles et d'écorce. Autour du tronc s'enroulait un serpent hideux, chenille monstrueuse qui paraissait avoir brûlé l'écorce et rongé les feuilles. Seth contemplait avec effroi toutes ces choses, lorsqu'un précipice se creuse tout à coup autour de l'arbre. Le fils d'Adam vit alors que l'arbre prolongeait sa racine dans les enfers, et aperçut tout au fond son frère Caïn qui s'efforçait de s'accrocher à l'arbre pour remonter dans le paradis, mais les racines s'enlaçaient autour des membres du fratricide et lui arrachaient des hurlements affreux.

Saisi d'effroi, Seth détourne ses regards de ce douloureux spectacle et les porte au sommet de l'arbre. Mais l'arbre avait cru démesurément et atteignait le ciel. Ses branches s'étaient même chargées de feuilles, de fleurs et de fruits. Le plus beau de ses fruits était un petit enfant, un vrai soleil vivant qui semblait écouter la mélodie des sept colombes blanches comme la neige qui entouraient sa tête. Une femme plus belle que la lune et presque aussi resplendissante que le soleil portait dans ses bras la divine créature.

« Tout ce que tu vois, dit l'archange au jeune patriarche, c'est le paradis de la terre et du ciel. Voilà' l'arbre de la science du bien et du mal qui par le crime du serpent et par la désobéissance de tes parents, a perdu ses feuilles et son écorce. Mais il reverdira plus grand et plus touffu, lorsque le fils de Dieu, qui possède les sept dons des sept blanches colombes du Saint-Esprit naîtra d'une femme qui sera la Vierge Marie. » · Et en même temps, cueillant un rameau de l'arbre de vie, il le remet à Seth en lui disant :

« Prends cette branche et plante-la sur la tête de ton père, lorsque dans trois jours tu l'enseveliras, car de cette branche jaillira l'arbre sur lequel le Rédempteur sauvera le genre humain. »

Seth s'en alla donc lançant à travers la porte entr'ouverte un dernier regard sur les merveilles du paradis, portant la précieuse branche de l'arbre dont la naissance avait précédé celle de l'homme et, s'éloignant à regret des délices entrevues, il revint tristement trouver son père.

Adam se réjouit en entendant tout ce que son fils chéri lui raconta et bénit le Dieu de miséricorde. Mais, le troisième jour, le père du genre humain resta étendu sans vie sur la terre, comme l'archange l'avait prédit. Seth enveloppa précieusement les membres d'Adam dans les vêtements de peaux de bêtes que le Seigneur avait donnés à nos premiers parents en les exilant du paradis, porta sur ses épaules le mort jusqu'au sommet du Golgotha et le déposa dans une fosse, en ayant soin de planter sur la tête du défunt le rameau donné par l'archange (1).

II.

Au temps de Salomon, le rameau planté sur la tête d'Adam était devenu le plus beau de tous les arbres du mont Liban. Il avait surpassé ceux des forêts du roi Hiram et s'élevait comme un roi superbe au dessus de tout ce qui l'entourait. Aussi, lorsque le fils de David voulut élever son palais qu'on appela plus tard la *forêt du Liban*, s'adressa-t-il à ce puissant rejeton de l'arbre de vie qui n'avait cessé de croître depuis

(1) *Légende dorée.* Invention de la sainte Croix. — *Vita Christi* imprimé à Troyes, chez Jean Lecoq vers 1517. — Verrières de Saint-Martin et de Saint-Pantaléon.

Quelques peintres-verriers ont attribué à la Croix une telle vertu qu'une simple allusion à ce signe aurait sauvé de la mort le jeune Isaac, guéri des morsures venimeuses ceux qui regardaient le serpent d'airain, rappelé l'âme dans le corps du fils de la veuve de Sarepta, etc. — Verrières de Sainte-Madeleine, de Saint-Jean, de Saint-Nizier et de la cathédrale.

trois mille ans pour en faire le support principal sur lequel devait reposer le monument entier. Il le fit donc couper par le faîte, au milieu de l'édifice pour lui donner la voûte à porter, mais le grand roi fit d'inutiles efforts. La colonne refusa de se laisser faire et fut d'abord trop longue, puis trop courte, lorsque les ouvriers l'eurent coupée. Surpris de cette résistance, Salomon fit baisser de nouveau tout le monument, mais la colonne, grandissant tout à coup, jaillit au-dessus du palais et le creva comme une flèche qui passe au travers d'une toile ou comme un oiseau captif qui recouvre la liberté.

Irrité, Salomon qui destinait ce bois à la place d'honneur dans le plus beau monument qu'on eût jamais élevé, ordonna de le porter sur les deux rives du torrent de Cédron pour qu'il servît de pont et fût foulé par les pieds impurs des passants et des bêtes de somme (1).

Cependant le palais fut achevé et non moins que le temple porta jusqu'aux extrémités du monde la gloire du fils de David. La reine de Saba accourut du fond de l'Arabie pour voir le grand roi dont parlait l'univers. Elle lui apportait les plus riches présents produits par la nature ou fabriqués par l'homme, des diamants, des parfums et des étoffes du plus haut prix. Salomon accueillit cette reine avec toutes sortes de distinctions et après lui avoir fait admirer les merveilles de Jéru-

____

(1, *Légende dorée*. Invention de la sainte Croix. — *Vita Christi*. — Verrières de Saint-Martin et de Saint-Pantaléon.

salem et du Temple, il la conduisit hors de la ville pour lui montrer la beauté des campagnes environ- . nantes. Déjà croissaient alors dans le jardin de Geth-sémani les oliviers qui devaient plus tard être témoins de l'agonie de Jésus et de la trahison de Judas. En quittant ce lieu, où la reine de Saba éprouvait un sentiment confus de ce qui devait un jour arriver, on passa le torrent de Cédron pour rentrer dans Jérusalem. Mais subitement inspirée de Dieu, la reine refusa de marcher sur le pont fait avec la colonne mystérieuse. Se jetant aussitôt à genoux sur la rive, elle s'écrie : « O bois divin, tu causeras la ruine de Jérusalem, mais » en perdant les Juifs, tu sauveras le reste du monde. » A ces paroles Salomon, qui avait tout fait pour la gloire de Jérusalem, s'enflamme de colère et ordonne que ce bois maudit soit enfoui dans les plus profondes en-trailles de la terre, afin qu'il y pourrisse honteusement en démenti de l'oracle étrange prononcé par la reine de Saba. L'arbre fut donc enterré, mais Dieu veillait sur lui.

En effet, quelque temps après fut creusée la piscine probatique. Cette piscine était entourée de deux ga-leries où venaient s'étendre les aveugles, les malades, les paralytiques et les boiteux qui attendaient leur guérison. Les eaux de la piscine avaient réellement une grande vertu, mais elles la devaient au bois qui avait cru sur la tête d'Adam et qui n'avait point voulu servir de colonne au palais de Salomon, car, en creusant la piscine, on avait déterré la poutre, de sorte que le bois sacré gisait au milieu de l'eau. C'était sur cette poutre que descendaient les malades lorsqu'ils venaient se laver pour obtenir leur guérison. C'était sur ce bois précieux qu'ils se purgeaient de leurs immondices et que les Nathanéens lavaient les victimes destinées aux sacrifices.

Mais Dieu ne permit pas que les souillures pussent profaner un objet qu'attendait une destinée merveilleuse. Toutes les nuits il envoyait deux anges qui balayaient de leurs ailes les impuretés que les malades et les Nathanéens avaient déposées sur la poutre, de sorte que le matin le bois brillait aussi pur, aussi clair que l'eau même de la piscine (1).

III.

Les temps enfin s'accomplirent, Dieu le Père envoya son Fils sur la terre s'incarner dans le sein de la Vierge Marie. Jésus qui répandait les bienfaits sur les malheureux, qui éclairait les aveugles et instruisait les ignorants, qui confondait les hypocrites et appelait à lui les petits enfants et les humbles de cœur, Jésus, après son agonie de sang au jardin des Oliviers, fut trahi par un de ses apôtres, saisi par les juifs et condamné à être crucifié. Les bourreaux cherchèrent un arbre convenable pour faire une croix à ce Dieu qui s'appelait le Messie. Ils n'en trouvèrent pas de plus facile à approprier que le bois de la piscine probatique. L'ayant coupé en deux parties inégales, de la plus longue moitié ils firent le montant de la croix

(1) Verrières de Saint-Martin et de Saint-Pantaléon.

et de la plus petite la traverse où les bras du Sauveur furent attachés. Jésus porta donc sur ses épaules meurtries, le long de la voie douloureuse, ce bois qui avait poussé dans le tombeau d'Adam, ce bois tiré de l'arbre de vie et devant servir d'instrument de mort à un Dieu. Mais le contact du corps divin communiqua une vertu nouvelle à cet arbre merveilleux et déjà il était facile de prévoir que sa destinée n'était point finie, même après la mort du Christ. En effet, trois siècles après la résurrection du Rédempteur, Dieu ne permit pas que la croix restât enfouie dans la terre avec celle des deux larrons.

Constantin, sur le point de combattre l'impie Maxence, priait un jour Dieu de lui envoyer du secours. Tout à coup une croix lumineuse brille à ses yeux et des anges lui adressent ces paroles: «Tu vaincras par ceci.» Frappé d'étonnement, l'empereur ne savait quel parti prendre, lorsque le Christ, la nuit suivante, lui apparaît avec la croix qu'il a vue la veille dans le ciel et lui ordonne de transformer ses étendards en ce signe merveilleux. Constantin, plein de joie, exécute les ordres du Seigneur et défait Maxence qui se noie dans un fleuve et laisse ainsi la victoire à son rival qui se hâte de proclamer, l'an 313, la fin des persécutions.

Baptisé par le pape Sylvestre, l'empereur chrétien envoie' sa mère, la pieuse Hélène, à Jérusalem pour chercher la croix du Sauveur. Mais rien, durant trois siècles, n'ayant révélé son existence, ni le lieu où elle était enfouie, Hélène convoque tous les Juifs de la contrée. Les hommes frappés de crainte se rejettent

sur un nommé Judas qui était un homme d'esprit.
« Montre-moi, lui dit l'impératrice, le lieu qu'on
nomme Golgotha, pour que je puisse découvrir la vraie
croix. »

Judas, craignant sans doute l'anéantissement de sa
religion, déclare qu'il ne sait rien, parce que plusieurs
siècles se sont écoulés depuis la mort de Jésus. Mais
Hélène lui dit : « Par le Christ, tu périras de faim si
tu ne veux point dire la vérité. » Et en même temps
elle le fait jeter dans un puits desséché. Luttant six
jours entiers contre la mort, il cède enfin et se rend
avec beaucoup de chrétiens et de juifs vers le mont
Calvaire. Armé d'un instrument, il creuse et découvre
trois croix qu'il fait déposer aux pieds de l'impératrice.
Mais, comme personne ne pouvait distinguer celle du
Christ de celles des larrons, on les plaça au milieu de
la ville en invoquant le secours de Dieu.

Vers la neuvième heure, lorsqu'on portait en terre
un jeune homme, Judas fit poser successivement la
bière sur la première et sur la seconde croix. Mais à peine
le mort eut-il touché la troisième qu'il revint à la
vie. Hélène s'agenouilla devant la vraie croix et rendit
avec la foule grâces à Dieu. Judas lui-même, touché de
ce prodige, se fit baptiser, prit le nom de Quiriace et
devint évêque de Jérusalem (1).

Quelques siècles après, la croix fut cependant sub-
juguée et emmenée en captivité par Cosroès, roi des

(1) *Histoire de Provins*, par Félix Bourquelot, t. 1. Légende de St-Qui-
riace. — Verrières de la cathédrale, de St-Nizier, de Ste-Madeleine, etc.

Perses. De retour dans sa capitale, ce monarque voulant se faire adorer, fit construire une tour d'or, d'argent et de pierres précieuses, et y plaça les images du soleil, de la lune et des étoiles. Fatigué du trône il abandonne les rènes du gouvernement, se retire dans sa tour, imite la pluie et simule le tonnerre par des moyens artificiels, et, s'entourant de la vraie Croix et de saintes reliques, se fait décerner les honneurs de la divinité.

Sur ces entrefaites, Héraclius, levant une puissante armée, marche contre le fils de Cosroès et l'atteint sur les bords de l'Euphrate. Les deux souverains conviennent de terminer la bataille par un combat singulier qu'ils doivent se livrer sur le pont. Héraclius, s'offrant à Dieu, parvient à remporter un tel triomphe que le fils de Cosroès se convertit avec son peuple.

Le vieux roi ignorait cependant l'issue du combat, Héraclius vint à lui et lui dit :

« Puisque tu as honoré la vraie croix selon ta manière, si tu veux recevoir le baptême et la foi de Jésus-Christ, tu conserveras la vie et tes états en me remettant quelques otages. Si tu refuses, je te frapperai de mon glaive et te trancherai la tête. »

Cosroès ne voulut point accepter de telles propositions et fut décapité. Héraclius, s'étant donc emparé de ses trésors, reprit le chemin de Jérusalem avec la sainte croix. Mais, lorsque, descendant le mont des Oliviers, il voulut passer à cheval et revêtu de ses ornements impériaux sous la porte par laquelle le Seigneur était sorti pour se rendre au Golgotha, les pierres de la porte tombèrent tout à coup et formèrent une muraille qui ferma le passage. L'étonnement s'empara de tous les assistants, mais un ange portant une croix apparut sur la muraille et dit :

« Lorsque le roi des cieux est entré par cette porte avant sa Passion, il n'était point revêtu des ornements impériaux, mais il était monté sur un âne pour laisser au monde qu'il rachetait un exemple d'humilité. »

L'empereur à ces mots, versant des larmes, ôte sa chaussure, se dépouille de ses vêtements jusqu'à la chemise, prend la croix et la porte jusqu'à la muraille. Les pierres cèdent et laissent bientôt en se relevant un passage libre à tous les fidèles (1).

Dispersée quelque temps après dans l'univers en une multitude de parcelles, la croix opère encore de nombreux prodiges, rendant les morts à la vie et les aveugles à la lumière, guérissant les paralytiques et les lépreux, chassant les démons et brisant même la fureur des flots (2).

---

(1) Verrières de St-Pantaléon, St-Martin, etc.

(2) Le moyen âge, comme le prouve cette légende, ne puisait pas toujours ses inspirations dans les livres saints. Les artistes paraissent avoir surtout emprunté leurs sujets aux livres apocryphes et à la *Légende dorée*. *Notre-Dame de Chartres*, par Alex. Assier, Paris, 1866.

TABLEAU

DES PRINCIPAUX MAITRES-MAÇONS DE LA CATHÉDRALE DE TROYES
ET DES SALAIRES PAYÉS A CES MAITRES
du XIVe au XVIIe siècle.

	PRIX de l'époque		VALEUR intrinsèque	POUVOIR actuel	
	sous	den^{iers}	fr. mill.	fr.	cent.
XIVe SIÈCLE.					
1365 à 1366, maître Thomas, maître de l'œuvre.	4	4	2 366	14	20
1382 à 1409, Michelin de Jonchery et Jean Thierry.	4	2	2 234	13	40
XVe SIÈCLE.					
1409 à 1417, Thomas Michelin.	4	»	1 836	11	»
1428 à 1429, Jeannin le Terrelion.	4	2	1 768	10	60
1450 à 1462, Jacquet le Roncelot et Jacquet le Vachier.	3	4	1 185	7	10
1462. Antoine Colas, maçon de l'église et *maistre des maçons d'icelle.*	4	2	1 482	8	90
1486. Jeançon Garnache, maître-maçon de l'église.	4	2	1 189	7	15
XVIe SIÈCLE.					
1507 à 1509, Martin Cambiche de Beauvais.	40 sous par semaine		» »	65	70
Jean Damas ou de Soissons, son gendre.	5 sous p. jour		1 367	8	20
1532 à 1559, Jean Bailly, gendre de Jean de Soissons.	6	8	1 441	5	75
1559 à 1579, Gabriel Favereau.	6	8	1 262	3	80
1579, Gérard Fauchot.	10	»	1 574	8	15

TABLE DES MATIÈRES.

www.ingramcontent.com/pod-product-compliance
Ingram Content Group UK Ltd.
Pitfield, Milton Keynes, MK11 3LW, UK
UKHW021216230726
13926UKWH00003B/1048